核电厂教员授课技能

主　编　邹正宇

副主编　莫银良　周发如

原子能出版社

图书在版编目(CIP)数据

核电厂教员授课技能/邹正宇主编. —北京:原子能出版社,2010.8

ISBN 978-7-5022-5036-2

Ⅰ.①核… Ⅱ.①邹… Ⅲ.①核电厂—技术培训—教材 Ⅳ.①TM623

中国版本图书馆 CIP 数据核字(2010)第 176344 号

内容简介

本教材以 2008 年 WANO 技术支持项目《CANDU 核电厂授课技能良好实践(Good Practices of Instructional Techniques in CANDU NPPs)》的资料为基础,结合国内核电站工作实践,专门针对核电厂教员而开发的系统化的培训教材。教材中既有国外核电厂及培训机构的教学实例,也有国内核电厂的实践案例。

本教材是核电厂教员授课技能理论学习的资料,适用对象是核电厂专/兼职培训教员,同时对培训管理人员具有一定的参考作用。

核电厂教员授课技能

出版发行 原子能出版社(北京市海淀区阜成路 43 号 100048)

责任编辑 张 梅

技术编辑 丁怀兰 王亚翠

责任印制 潘玉玲

印 刷 保定市中画美凯印刷有限公司

经 销 全国新华书店

开 本 787 mm×1092 mm 1/16

印 张 7 **字 数** 173 千字

版 次 2010 年 12 月第 1 版 2010 年 12 月第 1 次印刷

书 号 ISBN 978-7-5022-5036-2 **定 价** **38.00 元**

网址:http://www.aep.com.cn **E-mail:atomep123@126.com**

发行电话:68452845

中国核工业集团公司
核电培训教材编审委员会

《核电厂教员授课技能》
编　辑　部

主　　编　邹正宇

副 主 编　莫银良　周发如

编　　者　（按姓氏拼音顺序排列）
刘　琪　刘菁菁　杨　克　郄秉忠

统审专家　（按姓氏拼音顺序排列）
杨国强　叶云芳　周　萍

总　序

核工业作为国家高科技战略性产业，是国家安全的重要基石、重要的清洁能源供应，以及综合国力和大国地位的重要标志。

1978 年以来，我国核工业第二次创业。中国核工业集团公司走出了一条以我为主发展民族核电的成功道路。在长期的核电设计、建造、运行和管理过程中，积累了丰富的实践和理论经验，在与国际同行合作过程中，实现了技术和管理与国际先进水平相接轨，取得了骄人的业绩。

中国核工业集团公司在三十多年的核电建设中，经历了起步、小批量建设、快速发展三个阶段。我国先后建成了秦山、大亚湾、田湾三大核电基地，实现了我国大陆核电“零”的突破、国产化的重大跨越、核电管理与国际接轨，走出了一条以我为主，发展民族核电的成功之路。在最近几年中，发展尤为迅猛。截至 2008 年底，核电运行机组 11 台，装机容量 907.82 万千瓦，全部稳定运行，态势良好。

进入 21 世纪，党中央、国务院和中央军委对核工业发展高度重视、极为关怀，对核工业做出了新的战略决策。胡锦涛总书记指出：“无论从促进经济社会发展看，还是从保障国家安全看，我们都必须切实把我国核事业发展好。”发展核电是优化能源结构、保障能源安全、满足经济社会发展需求的重要途径。2007 年 10 月，国务院正式颁布了《核电中长期发展规划(2005—2020 年)》。核电进入了快速、规模化、跨越式发展的新阶段。

在中国核电大发展之际，中国核工业集团公司继续以“核安全是核工业的生命线”的核安全文化理念和“透明、坦诚和开放”的企业管理心态，以推动核电又好又快又安全发展为己任，为加速培养核电发展所需的各类人才，组织核电领域专家，全面系统地对核电设计、工程建造、电站调试、生产准备和生产运营等各阶段的知识进行了梳理，构造了有逻辑性、系统性的核电知识体系，形成了覆盖核电各阶段的核电工程培训系列教材。

这套教材作为培养核电人才的重要工具，是国内目前第一套专业化、体系化、公开出版的核电人才培养系列教材，有助于开展培训工作，提高培训质量、节约培训成本，夯实核电发展基础。它集中了全集团的优势，突出高起点、实用性强，是集团化、专业化运作的又一次实践。是中国核工业 50 余年知识管理的积淀，是中国核工业 10 万人多年总结和实践经验的结晶。

21 世纪是“以人为本”的知识经济时代，拥有足够的优秀人才是企业持续发展的重要基础。中国核工业集团公司愿以这套教材为核电发展开路，为业界理论探讨、实践交流提供参考。

我们要继续以科学发展观为指导，认真贯彻落实党中央、国务院的指示精神，积极推进核电产业发展。特别是要把总结核电建设经验作为一项长期的工作来抓，不断更新和完善人才教育培训体系。

核电培训系列教材可广泛用于核电厂人员培训，也可用于核电管理者的学习工具书，对于有针对性地解决核电厂生产实践和管理问题具有重要的参考价值。

中国核工业集团公司总经理 孙勤

2009 年 9 月 9 日

前　言

所有培训的目的都是为了让人们把工作做好，或者比培训前做得更好、更快、更准确、更有效或更经济。

本课程的适用对象是对所承担的教学任务非常了解，同时很少或从未接受过正式授课技能培训的教员。学习本课程将有助于教员掌握和强化成人教学技能，并帮助教员进行自我评价和进一步改进。

本教材分为九个章节，分别为：

第一章：讲台上的技巧。主要说明如何传递信息，包括如何使用肢体、手势、声音和面部表情。同时还谈及教员在讲台上会出现紧张的原因，并且提供了克服紧张的一些简单实用的办法。

第二章：教员的任务，即教员的角色和职责。主要讲述了教员应该为学员的有效学习提供指导和保证。

第三章：成人学习理论，即成人如何和为何学习。帮助您根据这些重要原则，直接针对成人的特定需要去教学，并预测他们会有怎样的反应。

第四章：交流技能，即讨论教员必须掌握的沟通交流技巧。例如：您为什么以及怎样使用不同类型的问题来检查教学效果并敦促学员参与。本章还介绍了一些帮助教员克服倾听障碍的方法，使教员通过有效倾听和反馈加强学习效果。

第五章：难以应付的学员。介绍了教员在教学过程中可能需要处理的各种难以应对的状况，以及处理的建议和方法。这些状况可能会引起教员的紧张、挫败等情绪。因此，本节在介绍应对的建议和方法的同时，还阐述了非防卫性自我保护的行为。

第六章：教学器材和媒介。描述了使用视听辅助工具的相关标准。列出了使用各类型工具的利弊，并给出了“怎样做”的建议。

第七章：课程计划。课程规划将帮助教员有效地编制和组织基于绩效的培训目标，并在此基础上形成课程计划。课程计划必须以培训目标为基础、采用教学循环模式并保证具有有效的授课步骤。

第八章:实用技能,即介绍了实用技能培训。它不同于基础知识(认知型)理论的培训,其重点在于如何进行培训和掌握观察技巧。您可以通过这些技巧来保证学员已经完成了培训目标并且对于技能的应用已经达到规定的标准。

第九章:项目评估。培训评估模块介绍 Kirkpatrick 评估的四个层次,用来检查所实施的培训是否满足了学员、主管、管理人员和业务的需要。

本教材是根据 2008 年 WANO 技术支持项目《Good Practices of Instructional Techniques in CANDU NPPs》所提供的授课资料并结合国内核电站的实践进行汇编的,书中的例子既有国外电厂及培训机构的教学实例,也有国内电厂实际推行过程中的实践案例,读者可将本书作为教员教学技能理论学习的教材,也可以作为实际培训工作的参考。

由于该项工作还处在不断实践和探索的阶段,教材中难免存在不足,敬请读者给予批评指正。

中核集团秦山第三核电有限公司

二〇一〇年五月

目　　录

第一章　讲台上的技巧

第二章　教员的任务

第三章 成人学习理论

第四章 交流技能

第五章 难以应付的学员

第六章 教学器材和媒介

第七章 课程计划

第八章 实用技能

第九章 项目评估

第一章 讲台上的技巧

1.1 概 述

讲台上的技巧是为了帮助教员把信息更好地传授给学员。虽然它不能替代授课内容的知识性、适宜性和全面性，但却是一种有效的手段，可以帮助教员建立可信度，使学员更愿意倾听。

在学习授课的技巧前，教员必须对授课内容及授课过程进行详细地规划：从学员角度出发，使整个授课的内容和过程更容易被理解、更有趣味性、更富有意义。另外需要注意的是：沟通交流是一个双向的过程，教员不仅要清晰地表达他们的想法，而且要从学员那里了解他们是否已经理解了自己的想法。

同时，在授课之前，教员不可以有这样的想法：学员怎么这么愚蠢、这么目光短浅，竟不能和我们用同样的方式看待问题。教员必须明白，正是因为学员不了解要讲的内容，培训才能起到应有的作用。如果学员和你一样聪明和博学，那么也许根本就不需要教员来授课了。

培训的一个重要组成部分是讲授材料。罗斯科·德拉蒙德经过大量观察发现："思想是一种美妙的东西……当你一生下来它就开始工作，并且从来不会停止，但是直到你在公开的场合里讲话，将你的思想与人分享，它才真正地迸发出火花。"大部分人会觉得面对着一群人，而不是对着高山、河流讲话，是世界上最最恐惧的事。我们如此害怕的是什么呢？试想：一屋子的人，静静地坐在他们的椅子上，手里又没有武装，能对一个演讲者做什么呢？明白为什么面对听众会引发如此紧张是控制紧张的第一步。

1.2 产生紧张的原因

产生这种紧张的原因可以归结于以下几点：

我将怎么做？——演讲是一条单行道。你站在台上，无法像交谈一样随时了解对方的想法，只能看到听众的眼睛和面孔，但不知道他们头脑里在想什么。如果某个人离开教室，你是否觉得不被认可？其实他们可能只是走出去上洗手间或打一个电话。如果你真正关注你的演讲效果，那就搜集听众的反馈或把你的演讲录像下来，那样你就能看到自己在演讲时的情形。

聚光灯下的孤独 ——你在一群人中间会感到舒适，但带领和指挥他们可能把你与那群人隔离开来。因为这似乎使你看起来与其他人不一样。有些人喜欢成为关注的中心，但另一些人却会感到胆怯。作为教员，你应该试着将你的注意力集中在听众或学员身上，试着想象你是他们中的一员，正期待着教员精彩的演讲。

没有这样的才能——其实这种想法是完全没有必要的。会产生这种想法是因为你自己认为有人一出生就有演讲的天赋，有人没有。其实事实不是这样的。大部分人都是通过努力练习、不断实践和反馈才成为演说家的。

紧张有许多表现的方式，而每一个人的紧张都有自己特殊的表现方式。但是绝大多数人的紧张行为都可以归入以下六个主要类型。1.3 对这几种紧张类型进行了分析，你可以借鉴其中所讲的一些简单的缓解紧张情绪的方法，这或许能够对你有所帮助。另外，请各位教员牢记：幽默是一种非常有效的驱散紧张心情的方式。

1.3 紧 张

1.3.1 紧张的类型

走动和摇晃型：走动型一般喜欢不停地踱步，比如向前、向后或来来回回地走动，尽管他们自己也希望能够在一个地方静静地站立一会儿。摇晃型则不愿意走动，他们一般会站在原地。通常他们喜欢晃动的是胳膊或者腿，偶尔是整个身体（从头到脚）。摇晃型会尝试停止晃动，但似乎并不起什么作用。

对走动和摇晃型来说，克服紧张的最佳方式是将他们的身体（尤其是走动的或摇晃的部分）紧靠在坚实的物体上，如书桌、椅子或讲演台。通过一些固定的实物，使走动和摇晃型能够保持稳定。实际上，与其让他停止晃动，还不如适当地进行修正。这样可以使他们发现自己可以控制这种行为，并认识到还是比较容易停止晃动的。另外，摇晃型的人在紧张的情况下应该避免手里拿任何东西。

健忘型：健忘型是指那些站在课堂上连自己的名字都能忘掉的人。他们经常忘这忘那，喜欢写很多的方便贴，贴在随时可以看到的地方。健忘型喜欢自定进度进行教学。他们需要避免在没有视屏提示器的教室里讲课。

对于健忘型的人来说，克服紧张的最佳方式是承认自己的头脑随时会出现空白。当你健忘的时候说："我刚刚丢了我的大脑。"通常这将赢得听众的笑声，而且能够让自己感到轻松并继续讲课。这种坦诚的态度有着意想不到的好处，能赢得听众的尊敬。这样做的结果是，健忘型的人反而成了活跃课堂的人。

好出汗型：好出汗型的教员很容易在前额上形成细小的汗珠，或者容易手心冒汗。好出汗型演讲者应该避免在铺有浅色地毯的教室里讲课，以防止汗珠滴到地毯上，因为这会让听众觉察出自己的紧张。

该类型的教员应该知道，对于细小的汗珠听众几乎难以觉察到。如果这一点不能安慰好出汗者，那么他们应该知道控制这种行为的方式是在手头放一块手帕，当汗珠变得引人注目或自己感到不舒服时，用手帕擦去汗珠。使用手帕会让听众感觉到他们十分努力，而且当听众觉得教员在设法做好教学工作时，他们也会对教员给予积极地响应。这是出汗可能会给教员带来的好处。

肠胃绞动型：肠胃绞动型者上课的时候会有恶心、想要呕吐的感觉，因为他们的胃在绞动。这其实是紧张的一种非常复杂的表现形式。但实际上，除非他们呕吐，这种紧张是难以被听众觉察到的。处理这种状况的方法是遵照处理紧张的一般性建议：比如课前深呼吸，课前与学员先聊聊天，相互熟悉一下等，这些都会稍微缓解一点紧张情绪。

语言错乱型：语言错乱型通常会说一些不相干的词语。因为他们善于使用这样的语句："嗨，我的名字一直坐在月亮上。"这样的话听上去很滑稽。像健忘型的一样，这类教员喜欢自定教学进度。与健忘型教员的明显区别在于：健忘型对正在发生的事情没有一点儿意识，而语言错乱型清楚地知道他们想要说什么，只是不能够把它说清楚。

语言错乱型只要遵循给健忘型的建议——承认自己存在问题，就会做得很好。当你说出来的话比较混乱时，可以说一些诸如此类的话“我非常希望你们能够理解我刚才说的话，虽然我的话有点难懂。”随之而来的笑声将使你和听众都感到自在。如果你说出来的话是混乱的，但使用活动挂图写的是正确的内容，你或许将引来更大的笑声。

口干舌燥型：口干舌燥型的教员会感觉自己的嘴里像是塞满了防潮纸。如果没有水，他们会担心自己说几句话就要停下来。如果看不见饮水器，他们就会表现得歇斯底里。口干舌燥型还有一种表现，他们喜欢以惊人的频率舔他们的嘴唇，所以这种类型很容易被察觉。这种类型应该避免在干燥的环境里教学。但是这个问题很容易解决，只要在你的手头放上一大杯水，喝上几口，直到你不感觉口干了为止。

1.3.2　减少紧张技巧

不管你的紧张以何种方式表现，以下的一些技巧可以有效地帮助你减少紧张：

1. 积极地正面自我暗示，告诉自己学员想要听你讲课。
2. 在走向你讲课地点的时候，深呼吸。
3. 在脑海里模拟你讲课的顺序。
4. 早一点到达，确定培训已经安排妥当。
5. 穿戴整齐，使自己看上去很专业。
6. 设法预测听众的问题。
7. 预先检查所有授课用的辅助设备。
8. 营造一个舒适的教学环境。
9. 在你讲课一开始就建立可信度。
10. 激发听众想要听讲的兴趣。
11. 使用猜谜等游戏作为开场白。
12. 预先试讲你的课程。
13. 恰当运用压力以提高你的授课绩效。
14. 在教室中适当走动。
15. 在开讲之前润润你的嗓音。
16. 与所有的听众保持目光接触。
17. 为授课准备适当的资料。
18. 练习使用培训辅助工具。
19. 研究并了解你的课题。
20. 使用一些恰当的、容易理解的练习来营造放松的氛围。
21. 参加恰当的授课技巧或者演讲技巧课程。
22. 记住你的听众集中注意力的时间长度。
23. 熟悉成人学习的特点并加以应用。
24. 事先了解你的听众是什么类型的人。
25. 承认错误，但仅仅是确定你出错的时候。

26. 总是充满着热情。

27. 使用录像机或者录音机以评估你的表现。

28. 从你的听众那里获取反馈。

29. 不要照本宣科。

30. 在授课前要充分休息,保证上课的精力。

各种形式的紧张都是出于同一个原因:希望能把事情做好。应学会使紧张为你所用,促使肾上腺素转变成能量,使你的身心变得更加机敏。另外笑声可以很好地治疗紧张,因为它是释放紧张心理的一种良方。

1.4 肢体语言的运用

在授课期间教员的肢体语言会对听众产生很大的影响。肢体语言的运用常常会让听众产生不同的情绪,或是对教员的授课无动于衷,或是反应热烈。因此,应牢记以下的建议:

1.4.1 身体的姿势

身体保持平衡的教员往往都是很自信、不拘束,无论在什么情况下都能很好地处理事情。有经验的教员会给听众留下这样的印象:即使当他/她感到无把握时,也能够关注一些相当重要的细节。

1. 穿着应该是品味高雅、整洁并且舒适。如果所到之处要求穿便装,则可以穿休闲些。一般来说,在比较正式的授课环境中,教员在授课过程中松开领带或挽起袖子,都是不可取的做法。合格的教员应该用自己的行为来获取自己所期望的结果。

2. 教员应不慌不忙地、从容地走向教室的授课位置。站好后要停顿片刻,在开始讲话之前,面带微笑,把目光投向所有的听众。这样可以把听众的注意力集中到你这里。另外还有个小技巧就是:沉默片刻比立刻开讲通常能更好地吸引听众的注意力。

3.“我的手怎么放呢?”这个问题往往是缺乏经验的教员常问的问题。非常简单,你的手应该放在你感到最舒服或你感觉最自然的位置。例如,把你的手轻松地放在身体的两侧;或抬起一只手放在腰间;两手放松地交叉在身体的前面;或是把它们放在背后;也可以轻轻地撑在讲台上;手上拿着适当大小的提示卡片。总之,你觉得怎么好就怎么做。但不要让你的手总是动个不停!最基本的要求就是它们应处于放松的状态,并且不会引起听众的注意。另外要注意避免将硬币或钥匙放在口袋里。

4. 无论是站着、坐着,还是走的姿势,都应该放松,但不应是懒散,应当是有尊严而不僵硬。从你的姿势中可以反映出你想留给听众什么样的印象。

1.4.2 身体的动作

在授课过程中,整个身体的不同动作可以表达不同的目的。当然,来回踱步是没有意义的。然而,有准备的、适时的身体动作能够:

1. 减轻教员授课过程中紧张的心情。

2. 把听众的注意力从视觉辅助工具引到教员身上。

3. 改变由于身体动作的单一对听众产生的催眠作用。

4. 改变授课的情绪或节奏。

1.4.3　手势

尽管手势对于大多数教员来说不是一种自然的动作，但选择合适的手势并在恰当的时候运用，还是能够有效地引发你所期望的反应。

1. 几种手势的意义

摊开手掌同时从内侧向外侧移动，表示一种宽阔、开放的胸襟，能够获取所有听众的注意。

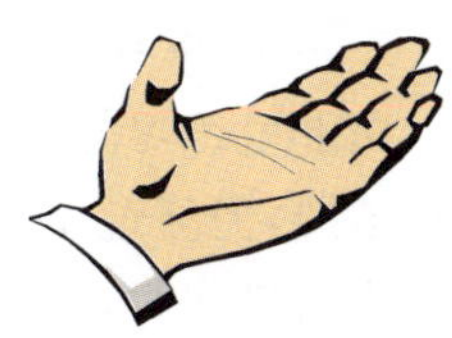

垂直方向摊开手掌是强调所讲内容的准确性；或是把一种想法（或一项内容）分成若干部分。（避免摇动你的食指，除非你打算责骂你的听众。）

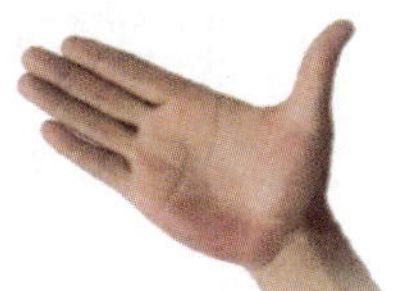

手掌向外意思是“停止！”表示拒绝一种主张。

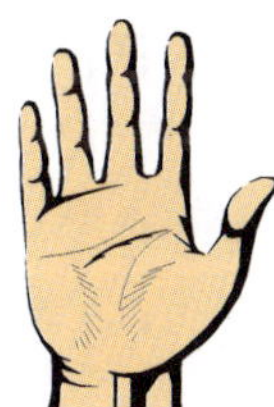

手掌向上表示一种信任、一种开明思想或鼓励参与。

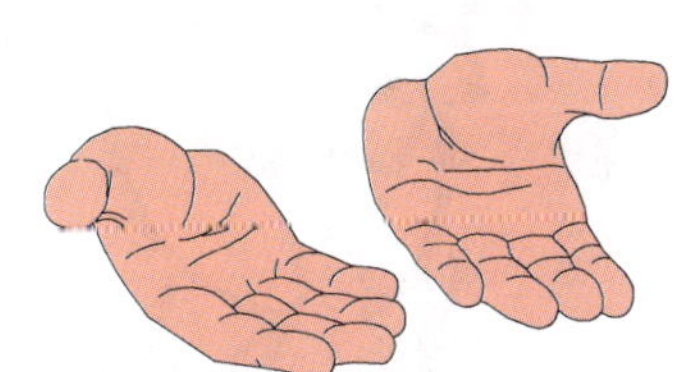

用食指指向某人时被认为是对他人的贬低和侮辱。

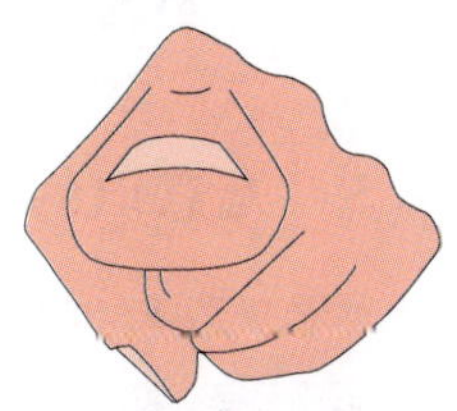

朝上举拳头可以把听众的注意力引向你，强调一种力量。

2. 有效使用手势的原则

应该把听众的注意力引到所要讲的内容或想法上，而不是为了手势而手势；

应该经常改变手势；

不要过多地使用某个手势，否则会失去作用；

在适时恰当地运用手势的同时配合与手势相适应的内容或措辞至关重要；

所运用的手势必须与你所期望的结果相适应。错误的手势比根本不用手势更糟糕。

3. 手势练习

私下里练习时，可以边说话边练习不同的手势，直到你感觉自然了为止。起初你也许会感到笨拙，但通过不断地练习，手势的运用会变得越来越自然。当你运用手势的过程中感到已经相当自然时，才能够在正式授课中使用。

1.4.4 脸部表情

教员的脸部表情应该能够反映出一种情绪，这种情绪是你希望听众感受到的。毫无表情的教员既不会激发起听众的兴趣，也不会激发起听众的热情。无论是严肃、微笑、大笑、询问或是半信半疑的表情，总会适用于演讲的不同阶段。总的来讲，面部表情都应该是发自内心的、多样的和恰当的。

1.4.5 无意识的习惯性动作

许多人在授课过程中会表现出连自己也没有意识到的一些习惯性动作，如舔嘴唇、抽吸鼻子、拉耳朵、搔痒痒、皱眉头、摇头晃脑。所列举的这些动作仅仅是一部分。使用摄像机将授课过程拍摄下来，可以清楚地看出你是否有这些无意识的习惯性动作。直率、坦诚的同事也可以告诉你是否有这些无意识的习惯性动作。意识到存在的问题就等于已经克服了一半的问题。接下来就看你如何克服它了。

一定要自然！不要在你的听众面前做出一些与授课不相关的表现。首先你的肢体语言一定是自己感觉到舒适的，并且要适合你自己、适合听众、适合于授课主题。

1.4.6 目光接触

可以通过许多方式来获取正面的和负面的反馈：通过提问和学员的评论，通过观察点头、脸部表情、眼神是否恍惚、注意力集中与否等等。对所有这些表象的观察是教员的一种职业敏感，是对学员听课反应的一种意识。有效的目光接触是提高沟通交流效果的一个关键因素。对于缺乏经验的教员，与学员保持目光接触可能是困难的和恐惧的。对他们来说，选择对着身后的墙壁说话，会使他们感到更舒适。然而，这样做却让他们失去他们拥有的最可贵的资源之一——视觉反馈，从视觉反馈中能判断出他们的信息是否已经传递给了听众。并且，当你授课时，如果你用眼睛看着学员，不仅你的自信心会更强，而且在讲课过程中，他们能够感觉到你是直接地与他们交谈。这样你还能与学员建立起良好的人际关系。另外，如果学员的注意力分散了的话，看着这位学员（但千万不能瞪着）是一种保持或重新获得他们注意力非常有效的方式。

教鞭

教鞭是一种有用的辅助工具，它可以把学员的注意力吸引到挂图的具体内容上。然而，它也能成为一个分散注意力的玩具。应该提防把它看成是一把决斗的剑、一个摆锤，一种拍打器或许多诸如此类的东西。当你不使用它时，请把它放下来！

1.5　声音语调的运用

有趣的教材和教员良好的授课技巧都会吸引我们听课的注意力。但是如果教员的声音令人不舒服或者总是一种单调的语调，可能就会使我们昏昏欲睡。比这种低沉单调的授课更加糟糕的是：学员听不清或者是听不懂教员的话。其结果就是学员认为教员在浪费他的时间，认为无论教员咕哝些什么，大概都不会有太多的价值。

极少数的人天生就有富兰克林・D・罗斯福、马丁・路德・金的声音和演讲才能。然而，如果教员们能够足够重视语言的某些基本因素并加以实践，都有可能极大地提高他们的演讲效果。可以借鉴的方法就是：利用录音笔或类似工具录下自己的声音，并回放以发现自己声音中需要改进的地方。

语调

一般来说，教员应该采用一种既不太高也不太低的交谈式的语调进行授课。同时要注意在尽量自然的基础上有一定的抑扬变化，不能用一种单调的声音从头至尾进行授课。这样不利于吸引学员的注意力。当一个人说话的声音或语调与正常说话时的声音或语调不同，那么通常都是由于紧张造成的。这种情况下如果听众熟悉教员或熟悉其平常的交谈方式，那么听众的注意力可能会转移到这种变化上，以致降低教学的效果。

声调

有些教员的发音存在一些问题：比如用鼻腔发音，可能会发出尖细的、刺耳的声音；还有其他像扯着嗓子、带着喘气说话。这些有可能会很难克服。然而，教员一定要知道自己的缺点，并且针对这些问题进行练习，尽量把不利的影响减到最低。

声音的强度

声音的强度是指你发出声音的力量或响度。根据听众的数量和教室的布置，教员的声音通常应该比在正常情况下说话的声音要稍微高一些。说话的声音必须让所有的人都能听到，但不能大到使人无法忍受。声音强度上的变化可以增加授课的吸引力。有时候，轻声比高声更能够吸引注意力。但轻声说话时，一定要稍微放慢语速。一个普遍问题就是一句话末尾几个字的声音变轻了。许多人并没有意识到，当他们讲到一句话最后几个字的时候，声音越降越轻，学员很难甚至无法听到所讲的内容。因此，他们希望传递的一些想法，学员常常不是没听见就是被扭曲。这种情况是可以克服的，只要教员自己意识到这个问题的存在。

语速

教员说话的语速或说话的节奏，是吸引听众、有效授课的另一个重要因素。机关枪似的说话方式可能会让听众听不清，以至于很快失去注意力。说话拖沓的教员也同样很快会让听众感到不耐烦或恼怒。这方面录音笔能够很好地反映你授课过程中的语速。语调的问题需要进行一定程度训练。语速的变化要与你试图传递给学员什么样的情绪是一致的，它能够极大地提高教员的授课效率。

停顿

停顿与语速是紧密联系的，适当地停顿能够有效地把学员的注意力吸引到你认为特别重要的内容上。然而，授课过程中应当有意识地运用停顿的技巧，如果停顿过多、过长，容易给学员留下搜肠刮肚的印象。

习惯性用词

“嗯”长期以来一直是演说家们难以应付的习惯性用词。这种习惯性的词语总是出现在思考过程中，并对演讲的过程造成影响。当我们在想接下来该说什么的时候，我们并没有停下来而是不自觉地发出“嗯”的声音。如果把习惯词“嗯”作为演讲过程中的一个大问题就有点过于重视它了。与某些在公众场合演讲的从业者相比，讲话中偶尔“嗯”两下，在我们看来并不是非常糟糕的事。有的教员会不自觉地把这个简单的发音当作自己讲话的一种方式。当然，连续使用“嗯”绝对会分散注意力，有这些习惯的教员应该努力控制它。在解决这一问题上，录音笔再一次成为有价值的工具。每次在练习时，当你发现自己说“嗯”时，就再多练习两到三遍。熟悉你所要说的内容也能帮助你解决这个问题。

错误的发音

对于学员来讲，教员错误的发音会分散他们的注意力，并会逐渐削弱他们对教员的信赖。当学员不得不花费时间来猜测教员刚才所说的是什么意思时，他们就不能聚精会神听教员正在讲的内容。如果你对某个词的发音不是绝对地有把握，请查阅字典。

纠正发音问题

在声音的运用方面，应该用系统的方法来纠正。首先，通过口头指正或回放录音来意识到存在的问题，分析如何纠正它们；如果需要，寻求别人的帮助。然后，练习不正确和正确的发音，体会两种方法发出的声音和它们之间的区别。

在运用声音方面，你应该给予那些发音不正确的字或词更多的关注度。如果教员能够对这里所讨论的问题给予足够的重视，他们授课水平都会有所改进。

1.6 讲台技巧总结

声音

1. 语速：说话的语速要慢。在说话时要刻意将最高语速控制在每分钟 100 个词以内。
2. 发音：在授课之前，确认你还没有把握能正确发音的字和词语。
3. 吐字清晰：让学员明白你在说什么。如果他们听不清你所讲的，他们就不能听懂你所讲的。

肢体语言

1. 保持目光接触。
2. 保持微笑。
3. 自然地运用手势。
4. 选择人人都能看见你、听清你的授课位置。
5. 优雅的姿态。

1.7 授课前检查清单

见表 1-7-1。

表 1-7-1 授课前检查清单

检查项目	是	否
你是否清楚地知道你授课的目标是什么?	□	□
你是否已经充分地了解了你的学员?	□	□
授课过程中,你是否已经把你所希望在授课中讲解的关键点罗列出来了?	□	□
你的关键点是否已经按照一定逻辑顺序排列了?	□	□
你是否清楚应该运用哪种语调授课?	□	□
教室的大小是否合适?	□	□
授课所需的媒体设备是否已准备,是否可用?	□	□
在需要使用媒体设备之前,你是否有时间确认?	□	□
你是否已经将授课用教室按照你的要求进行了布置?	□	□
你是否已经对授课时间进行了有效的计划?	□	□
你是否清楚地知道如果你的授课已经达到了既定目标,你如何继续讲?	□	□
你是否已经制订了授课计划?在你实施培训时,授课计划能够帮助你按照既定的次序讲下去。	□	□
在你授课过程中,你手头是否有相关的技术参考资料或其他的“支持性”材料?	□	□
你是否对授课后将采取的后续行动有一个清楚的想法?	□	□

第二章　教员的任务

运用富有新意的措辞和渊博的知识燃起学员的学习热情对教员来说是一门重要的艺术。

It is the supreme art of the teacher to awaken joy in creative expression and knowledge.

Albert Einstein

2.1　概　述

根据美国培训和发展协会(ASTD)卓越之典范(Models For Excellence)的内容，教员的任务包括“传递信息并给予系统化学习的经验以帮助人们学习”。为了承担这个任务，成人教员应该能够具有以下几个方面的能力或知识：

- 授课技巧。
- 成人学习原则。
- 实施培训各种方法。
- 学习小组运作的技能。
- 知识的多样性。
- 反馈的技能。
- 提问的技能。
- 多才多艺。

在这些能力中，前四种能力是最重要的。

根据卓越之典范的内容，教员所承担的任务中，典型的有代表性的工作包括：

- 提供讲稿并介绍。
- 提供录像带、影片、录音带、计算机辅助教学和其他视听材料。
- 提供案例学习、角色扮演、游戏、测试或其他系统化学习的事例。
- 组织考试和提供反馈。
- 明确学员的需求。

2.2　教学的基本原则

1. 为学员提供指导。
2. 检查学员是否在学习。这种检查一直贯穿在教学进程中。
3. 要关注学员的行为、问题以及他们所关心的事，而不是学员本身。
4. 维护学员的自信心和自尊心。
5. 维护教员与学员之间良好的人际关系。

2.3 指导型授课过程的模型

在实施授课过程时，教员和学员应该关注以下内容：

1. 评估授课的总体目标。

2. 分析哪些听众或学员对授课内容有长期学习的打算，哪些特殊的听众或学员对授课内容仅有短期学习（开会式）的打算。

3. 从可能的选项中选择适当的授课方法。

4. 审查和/或准备指导性的材料。

5. 审查和/或准备练习和视听辅助工具。

6. 对授课的内容进行预讲。

7. 授课时，应注意做好以下工作：

- 说明学员的需求和期望。
- 运用有效的讲台技巧。
- 应用成人学习原则。
- 利用学习条件。
- 恰当地采用练习和测试，以使学员能够实践和应用他们所学的知识。
- 帮助学员把所学的知识运用到工作中。
- 激发学员学习的热情。
- 建立并维持学员的兴趣。
- 刺激多种感官帮助学员记住学习内容。
- 重复重点帮助学员记忆。
- 给学员提供充足的参与授课过程的机会。
- 让学员清楚为什么该信息（或经历）很重要。
- 采取后续行动，确保学员的需求得到满足。

2.4 审核目的和目标

毫无疑问，教员开始为授课做准备最佳的入手点就是根据教学活动制订培训目标。这样做的目的如下：

- 为了传递信息。
- 为了增强技能。
- 为了激发新的认识。

培训目标能够使教学目的更加具体，同时培训目标具有可衡量性的特点，因此可以运用培训目标对授课效果进行评价。理论上，任何目标都可以用多种不同的方式来表达，在具体培训方式的选择上，应该着重考虑学员的需求和特点。

2.5 对听众进行分析

任何计划都可以从不同的角度来分析：

1. 通用培训课程一般主体内容的变化不大，可以一直沿用，比如说新职工培训中对工作环境的介绍。这类课程的培训材料能满足长期教学的需要，而不需要在短期内有所改变。

2. 专项培训课程的内容仅在某一固定的时间段里，满足特殊人群或一个团体。当制订这类培训计划时，应根据现有的环境/组织条件区别对待，要根据学员的能力、兴趣、期望和动机层次编制针对性的计划。

没有两个人的培训需求是完全相同的。应针对学员的具体情况制订不同的培训计划。每个学员的工作绩效缺陷在不同时期是不同的，同时工作条件对绩效的影响也会逐渐发生变化。这些都是培训规划应该考虑的事项。

为什么要重视这些差异呢？因为培训需求的评估应该持续地、反复地进行。需求分析和任务分析通常应该集中在有针对性范围的课程和通用性的需求上。相反，针对单独的一个培训计划，教员的任务是把重点放在满足特殊人群的需求上。这就要求对参加培训的学员进行分析：

- 他们参加该培训的动机及期望。
- 他们的目标。
- 他们对培训课程及教员的看法。
- 他们对授课方法和媒体等授课手段的感想。
- 他们的群体从属关系。
- 生命周期各阶段（年龄、以前的经历、影响该事件的生理和心理因素）的所有特点。
- 学员自己的评估标准——每个学员判断该事件成功与否的依据。

对培训目标和结构的讨论应贯穿于学习的全过程。在实施一个计划前，教员可以从学员那里征求一些信息，如他们来参加学习的目的、他们的目标，以及他们对授课材料的喜好情况。这种技巧是受资深教员欢迎的方法。在允许的条件下，应该鼓励学员对计划的内容和方法提出建议，以期提高学员的自发性、增强学员的责任感。

另一种方法是向学员提供信息，把早些时候所进行的一个更加正式的需求评估结果反馈给他们，然后与他们商量培训的目标和结构。

在实施培训计划期间，教员应该注意强调现在或将来要实现的目标，以及何时和如何实现这些目标。这有助于学员们把他们的注意力集中在预期的结果上并对培训需求进行积极地探索。其中最具有挑战性的培训目标就是请学员根据自己已经掌握的知识来确定如何将培训内容运用到自己的工作中。最后，在培训结束时，教员可以引导学员进行一次简短地讨论。讨论的内容要锁定在培训前由学员参与并确认的培训目标：学员是否认为他们的培训需求已经得到了解决？他们对将来培训计划的改进有什么建议？对运用所学知识还有什么更实用的策略？在课堂外应用学到的知识有什么困难？这些困难如何克服？最后的讨论很关键，可以让学员巩固已学内容。

2.6　选择合适的授课方法

虽然培训项目规划提供的是通用的授课方式，但教员需要的是一个更为具体的方法。再结合培训目标和目前特殊培训人群的特点，制定出比较合适的授课方法。

比较常用的授课方法包括：演讲法、案例分析、小组讨论、角色模拟等等。

2.7　审阅和/或准备授课材料

一旦教员分析了要参加某项培训的学员的具体需求，他们应该审阅用于该培训的所有材料，确保所有材料都满足这些需要。如果现有的材料不能满足该小组学员的需要，就应该修改这些材料，或者准备新的材料。

2.8　审阅和/或准备练习和视听辅助工具

如果培训规划的内容在审阅或准备授课材料过程中已修改，那么就应该根据修改后的内容审查现有的练习和视听辅助工具，必须保证培训规划的顺利实施。

2.9 试　讲

对课程进行试讲，是准备工作的最后步骤。试讲的目的是：

- 检查授课材料所需的设施。
- 发现实际应用与预想效果的不一致性、减少不必要的重复和其他缺陷。
- 教员熟悉视听设备。
- 预先考虑难以解答的问题。
- 确定授课活动需要持续的时间。

试讲有以下几种不同方法：

- 站在一面落地镜子前。
- 使用录音笔。
- 使用摄像机。

• 邀请一个或几个善于提出建设性意见的听众。

• 邀请一个或几个善于做评论的听众。

• 在试讲之后，就要进行实战讲课了。

2.10　教员的其他职责

教员的其他职责还包括：

• 技术专家(SME)。
• 计时员。
• 向导、保证学员不偏离主题的关键人物。
• 奖励者。
• 密友。
• 裁判员——控制争执。
• 保持注意力、给人愉悦感。

2.11　安　全

在培训过程中，教员作为技术专家还必须承担相关的安全责任：要解释安全要求并监督学员的行为。因此，教员的责任如下：

• 观察学员的工作是否符合标准。
• 处理那些不符合标准的行为。
• 实施常规巡视并为重要的事件编制书面报告。
• 及时地报告、记录、分类和调查事故或事件，包括机动车和火警。
• 关注来访者在工作区域内的安全。

强调安全在培训过程中与其他的培训内容同样重要。安全方面的培训应该注重提高学员防范危险的意识，同时清楚危害的表现形式。教员自身必须具备一定的安全技能，从而保证将危害控制到最小的程度。

一般培训很少把安全作为一种衡量标准或业绩指标。这与企业的价值观有很大关系。实际上，在培训的管理和监督方面应该充分强调安全观念。而教员对安全的实践和态度对学员有着更大的影响，在弱化或者促进安全文化方面发挥着重要作用。

另外，教员应该承担起培训场所责任人的职责：尽量保证培训场所处于一个安全、井然有序的状态，观察并纠正不良的安全习惯。在促进安全行为方面，物理环境是最重要的因素之一，也是最容易控制的因素之一。

事实上，教员应该使学员感觉到：如果他们安全、谨慎地行事，他们将会得到认可和尊敬，并且能增加工作满意度。因此，教员应该把有关安全的问题纳入课程计划以及培训活动中。这是教员应承担的法律责任，而且这将有助于提升工作业绩，提高工作满意度。

2.12 教员检查清单

参见表 2-12-1。

表 2-12-1 教员检查清单

序号	应该做的事	不该做的事
1	要事先准备！事先练习！	不遵守时间规定
2	要准时开始	浪费时间
3	适当设计开场白	滔滔不绝
4	使学员感到受欢迎并感觉舒适	失去学员的信任
5	清楚地陈述你的目标	照本宣科
6	询问学员的期望	完全按照自己的想法授课
7	与学员建立和谐融洽的关系	失去学员的尊重
8	精心组织培训材料	课程内容随意
9	要在适当的时候把问题分派给小组讨论	把你自身的问题带入专题讨论
10	熟练使用培训工具	做出分散学员注意力的习惯性动作
11	控制小组讨论的进度	任由学员海阔天空地谈论
12	要表现出热情	做防卫者
13	要鼓励学员	打断学员对你的回应
14	要有灵活性	对时间和活动严格控制
15	要提供反馈	对学员的回答不置可否
16	要澄清要点	内容混乱，缺乏逻辑性
17	强调实践的重要性	未给学员提供充足的动手的机会
18	公开地、主动地听取意见	不懂装懂
19	保持你的本色	失去尊严
20	维护学员的自尊	做独裁者
21	遵循基本原则	我总是正确的
22	把有关安全的问题纳入你的课程计划和培训活动	忽视安全

第三章 成人学习理论

3.1 成人学习的几种理论

3.1.1 Malcolm Knowles 与成人学员

Malcolm Knowles 是最早认识到成人教育不同于儿童教育的学者之一。成人了解自己的能力和经验。为了更高效地学习，他们必须参与到学习过程之中。成人需要真实而且有实质意义的问题和示例、多种多样的学习方法、学习进度控制以及考核。他们还需要可信赖的、热情充沛的教员，而这些教员应尊重参训学员的知识和生活阅历。

关于成人及其学习特征方面，有很多公认的结论：

- 参加学习或培训项目的成人有很高的学习主动性。他们欣赏结构严谨、要求（目标）明确的培训项目。
- 成人想了解所学内容对他们有何种好处。他们希望学习材料与实际工作有关，且能够快速地把握住学习内容的实际效用。
- 对成人来说，时间是最重要的考虑因素。他们希望能按时上下课，不喜欢浪费时间。
- 成人尊敬学科知识渊博且善于表达的教员，能很快感觉到教员备课是否充分。
- 成人会把自己丰富的生活和工作经验带到课堂上。应将这些经验作为一种重要资源，与所学的课程很好地联系起来，对其加以很好地利用。
- 大部分成熟的成年人都能自我管理且非常独立。然而，有些成人缺乏自信，从而需要增强信心。他们更愿意教员发挥引导和辅助式的促进作用，而不是充当专制的指挥者。
- 成人希望参与决策。他们希望同教员合作，共同评估学习需要和目标、选择学习活动以及决定学习考核的方式。
- 比起年轻的学生，成人的灵活性可能相对不高。他们的习惯和行为方式都已形成惯例。他们不喜欢陷入麻烦之中。在接受异于往常的做事方法前，他们会希望了解这样做能带来何种好处。
- 成人喜欢以小组形式合作并开展社会交往。课间休息时的小组活动和交流氛围对他们非常重要。

3.1.2 Robert Pike 的成年学员激励观点

Robert W. Pike 制定了下列措施来激励成年学员：①

- 成人喜欢看到长远的构想。告诉他们从长期来看他们及其公司将如何从培训中获

---

① Pike, Robert W. 著 (1989) Creative Training Techniques Handbook (Pages 29-32). Minneapolis, MN: Lakewood Books.

益。为接受培训的学员树立共同需要。

- 认识到个人的需要。培训学员都有自己的内在需要。学员希望从课程中学到什么?他们愿意为此做些什么?认识这些需要并尝试予以满足。让培训学员产生为自己而学习的责任感。
- 大多数人希望能将学到的知识和技能付诸实践。开发在实际工作中用得到的培训。
- 成人喜欢将事情置于可控状态。在课程范围内给他们可选择的活动。制定灵活的且能适应其需要的课程。
- 创建并保持兴趣。达到此目的的方法包括:提问题、采用多种学习材料和培训方法、布置需完成的作业任务。
- 培养自我竞争的意识。为培训学员提供机会,考查已学到的知识及其是如何取得进步的。
- 为培训学员提供机会,使他们能够聚会交谈、分享彼此经验及对培训的感受。

3.1.3 Bill Lowthert 的八条学习法则

Bill Lowthert(宾夕法尼亚州电力公司原子能培训的培训经理)总结了开发培训时应该记住的八条学习法则。这八条学习法则是(见表 3-1-1):

表 3-1-1 八条学习法则

规模法则	学习应该按单元进行,单元要足够小从而易于理解消化,但也要足够大以保持其趣味性。
强度法则	生动、刺激、有活力并且令人愉快的经历比乏味不快的经历更难忘。
参与法则	人类是通过实践开展学习的。必须使学员积极地参与到学习中。
练习法则	重复一项行为的次数越多,复习一条信息的密度越高,它们就会越快越持久地成为习惯动作或难以遗忘的信息。
弃用法则	不练习某项技能或者不复习某条信息,将会使得难以记住它们或彻底忘记。
放松法则	人们在放松状态下,知识学习地更快,记忆也更持久。减少压力可以提高学习效果和记忆力。
意愿法则	人们渴望学习时,人就学得容易。相反,如果对所学课题没兴趣,人们就会学得很艰难。
影响法则	对于给自己带来满足感的事情人们通常学得很快。这也称为乐趣法则。

Lowthert 的法则适用于所有人。但是,每个人的学习方式千差万别,所以开发学习活动时,教员需加以注意并逐渐适应。

3.1.4 David Kolb 的四种学习风格

根据 David Kolb 的理论,人们对具体体验和抽象概括、思考观察和能动实验等抱有不同程度的偏好。这种差异形成了四种不同的学习风格(见图 3-1-1 和表 3-1-2 中的四个象限),可以据此确定适合您的学习风格。

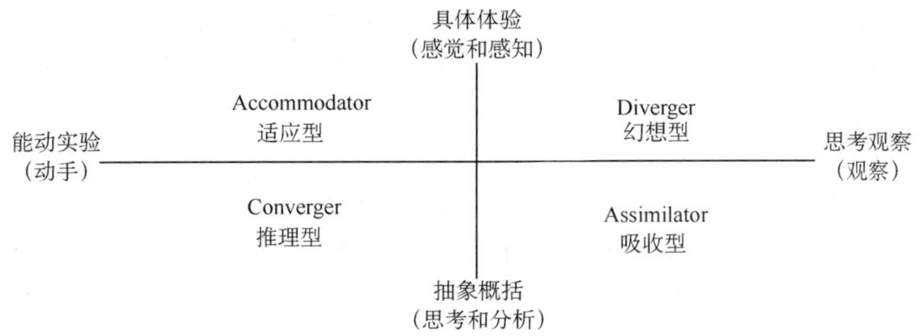

图 3-1-1 依据人的偏好形成的学习风格

Kolb 的四种学习风格

表 3-1-2 Kolb 的四种学习风格

适 应 型	幻 想 型
通过积极实践学习	通过综合众多的看法进行学习
希望体验新的经历	想象力丰富
勇于承担风险	较为情绪化
凭直觉解决问题	兴趣广泛
如果理论与经验不符,则舍弃理论	喜好自由讨论
推理型	吸收型
通过演绎推理学习	通过归纳推理学习
希望把想法付诸运用	创建自己的理论模式
偏爱单一正确的答案	偏爱抽象的理论甚于实际应用

不同的人偏好不同的学习风格。有效的培训课程应能适应偏好各种学习风格的人。

Kolb 在说明人们如何学习时提出了两个基本假设。

假设一:人们既通过时时刻刻的经验学习,也通过概念和书本学习。

概念和教学/培训建议是通过习惯上被称为"经验式"学习理论概括而来的。经验式学习提供了一种完全不同的学习方式——其范围比传统教学活动或课堂教学活动要广泛得多。从根本上来说,此理论的本质是:我们的学习直接来自于时时刻刻的经验,而且这种学习可在所有的人类活动场景中发生——从学校至车间、从研究室至管理层会议室、从人际关系到当地零售店的过道。学习是我们用来适应和面对我们所处世界的方法;学习可以使我们时刻都很充实——从少年到青年,从中年到老年。

假设二:人们学习风格各不相同;也就是说,需视其喜好的学习风格而定。

经验式学习的第二个主要原则是:虽然我们时刻都在学习,但是我们的学习风格不尽相同。由于我们各自有着独特的经历,我们每个人都会形成自己喜欢的学习风格。这些学习风格只是我们在学习和吸收新信息时比较喜欢的学习风格。我们的学习风格还会影响我们解决问题、作出决定、形成或改变自己态度和行为时采用的方式。在很大程度上,它还决定了我们最适合的职业；而且，或许对于培训教员和教师来说最有意义的是，它还决定了：对各种类型的学员而言，何种类型的学习经验最有效、最适合、最有利于促进其成长。

3.1.5 经验设计模式

经验式学习是成人的学习原则，它说明了成人能够管理自己的学习并且许多人也期望如此。因此，他们更青睐那些老师参与度低而学生控制度高的教学策略。经验式策略能满足该要求。这些策略可通过经历和思考促进知识、技能和态度的获得。它们可让学员以个人和集体的方式参与到模拟情形或真实世界中的实践经验学习中。它们要求实践和思考，因而对过程的关注远甚于结果。虽然在短剧表演、角色扮演、模式构建以及学习/工作规划中，它们几乎都表现为自我学习，但在示范和现场参观时，它们也具有教师教学的特点。

Kolb 的四种学习方式同学习的“经验设计模式”相类似。该理论提出：在学习过程中，人们将依次体验上述四种学习方式：

- 获取经验（幻想型）
- 对其所看到和感受到的事物做出反应（吸收型）
- 从观察结果中归纳出规则（推理型）
- 把规则应用到新情境中（适应型）

所有这四种学习方式都将用到，这有助于教员确定其偏好的学习方式，同样也有利于了解班级学员最喜欢的学习方式。了解到该信息后，教员就可以利用它来平衡学员的需要，确定优先选用的学习方式。了解自己偏好的学习方式可帮您关注需要寻求帮助的经验设计模式的领域（如：假设您偏好的学习方式是幻想型，那您可能要将主要精力放在如何采用实践方法和关注实际工作上，而非仅仅观察某个情境上）。

有效的培训过程应遵循经验设计模式的周期，并包括下列九项培训事件（我们称之为九阶段模型）：

- 吸引并维持学员的注意和动力。
- 告知学员培训目标。
- 启发学员回顾必备知识。
- 介绍培训材料。
- 提供学习指导。
- 引导学员掌握培训目标。
- 提供绩效反馈。
- 评估学员的表现。
- 加强培训内容的记忆和消化。

开发课程计划时，可有效运用基于 Robert Gagnes 学习阶段理论的学习周期。

一部分教员不认可第一点内容。他们认为成人应该能够自我激励。如果他们不想学习，他们不应该参加此课程的培训。在有些行业，一个班的学员会有不同的学习动机。其中，许多动机都不利于学习和记忆。例如，培训学员参加培训课程可能是因为：

- 这比工作轻松。
- 身体状况不允许其工作。
- 他们的老板希望其提高绩效。

- 此课程是获得晋升的必要条件。
- 每个人都必须参加该课程学习。

如能使学员确信该项培训值得参加，教员就能改进单个学员的学习和巩固效果，提高整个班级在培训期间的成绩，还能令教员的工作变得更加容易！

最新的研究结果表明：成人能够按规划组织其学习；他们希望达成具体目标。

绩效导向型培训目标是从任务清单发展而来。任务清单描述了人员需在工作中完成的事情。绩效导向型培训目标有助于成人确定通过培训他们可取得的成果，并激励他们学习。

无论目标为何，学员都会在学习过程中经历从入门到熟练掌握的九个阶段。各个事件的目标则用于确定教员和学员在特定学习阶段中的学习活动是否适当。

这九个培训事件是确定教员和学员活动的一项策略。我们发现有很多具有相同效果的策略可供使用。

以下内容反映了根据特定目标确定所需学习活动(即：教员和学员在培训过程中的活动)的过程：

- 确认培训事件。
- 把目标分为技能类和知识类。
- 为该培训事件确定合适的技能和知识培养准则。
- 利用培养准则分析有关目标。
- 按照培养准则制定学习活动，反映出培训目标的独特之处。

以下两个例子详细说明了培训事件、学习活动和培养准则之间的关系。

例一见表 3-1-3。

表 3-1-3 课堂教学中的培训事件目标和学习活动

培训事件	学习活动
吸引注意力	拿出两个看起来几乎相同的计量表，询问学员："它们有什么不同?"
陈述目标	展示一幅主控室内蒸汽发生器读数表的画面，准确无误地找出主给水流量和蒸汽发生器水位的读数位置。
回想预备知识	回忆主控室中蒸汽发生器读数表的实际位置。
介绍培训材料	解释给水流量和蒸汽发生器水位读数的确切位置。
提供指导	解释某个特定蒸汽发生器回路上的常用指示表周围的彩色编码条。
启发操作	要求学员在未标示蒸汽发生器读数位置的幻灯片上指出读数位置。
提供反馈	展示标出了给水流量和水位读数位置的幻灯片。
评估表现	利用蒸汽发生器读数表的挂图进行比试。
加强巩固	在计算宽量程和窄量程水位时，检查蒸汽发生器的流量和水位读数。

例二见表 3-1-4。

表 3-1-4 技能培训(模拟机培训)环境下的培训事件目标和学习活动

培训事件	学习活动
吸引注意力	说明许多涉及反应堆停堆的 SCR 是由于在瞬态时操纵员未能通过手动控制给水、保持蒸汽发生器水位而引起的。
陈述目标	假定已有主给水系统的运行规程,反应堆功率运行,给水系统、凝结水系统,仪表压空系统正常运行,给水调节阀电源接通,且给水调节阀设为手动模式,将蒸汽发生器调至规定水位,误差范围±5%。
回想预备知识	复习给水和蒸汽发生器的控制器和读数表的位置。复习主控室中主给水系统运行规程的所在位置。复习给水控制系统的操作。
介绍培训材料	利用模拟机和主给水系统运行规程演示正确的蒸汽发生器水位手动控制的操作方法,条件如下:反应堆功率运行,给水系统、凝结水系统以及仪表压空系统在运行中。给水调节阀电源可用。
提供指导	说明可能发生的水位控制问题(例如,收缩、膨胀以及读数问题等),这些问题会导致反应堆停堆。
启发学员的操作	学员在各种蒸汽流量条件下,在预定范围内手动控制蒸汽发生器水位。
提供反馈	检查学员操作。要求学员查找问题并讨论潜在解决方案。
评估学员的表现	设定模拟机以便模拟汽轮机的启动。要求每个学员手动控制蒸汽发生器水位,误差不得超过预定水位的±5%,直至发生器正常联机。需要时重新设置。
加强巩固	讨论给水控制系统的故障,复习应如何手动保持蒸汽发生器水位。

例一(续),见表 3-1-5。

表 3-1-5 课堂教学中的培训事件的规划准则

培训事件	规划准则
吸引和维持学员的注意力,并激励学员	引起学员的内在兴趣。
	将教学与学员及培训大纲的近、长期目标结合起来。
	为时间较长的培训课程更换授课媒介并调整原定休息间隔。
	赋予教员充分的灵活性以便在出现未曾预见的教学时,实施调整。
告知学员其培训目标	用清晰简练的语言陈述培训目标。
	将培训目标的价值和实际岗位绩效联系起来。
	阐释目标以及目标与熟练掌握任务的关系。
	用多种方式描述培训目标,这既是为了强调,也是为了澄清所有误解。
启发回忆预备知识	鼓励回想与新知识、概念或规则有关的信息。
介绍培训材料	使用合适的授课媒介对信息、概念或规则进行实物演示。
	以意义明确的语句和符合逻辑的顺序阐述新知识。
	介绍有关概念或规则的适用和不适用情况。
	举例并定期复习或总结。
	强调需要学员在多变的工作条件下应采取的措施和做出的反应。
提供学习指导	提供有助于巩固已学知识、概念或者规则的工作环境。
	为学员提供在多种新情境中能够应用学的概念或规则的机会。

续表

培训事件	规 划 准 则
引导学员掌握培训目标	要求学员叙述或者写出有关知识、概念或者规则。
	要求学员在一个不熟悉的情境中,应用有关规则或概念。
	监控学员的学习进度。
提供绩效反馈	为学员指出:在陈述知识、概念或规则时犯了哪些错误,遗漏了哪些部分。
	为学员指出:在不熟悉的情境中应用有关规则或概念时犯了哪些错误。
	在培训初期应及时地肯定培训成绩和奖励;在培训末期可比照真实工作环境下的做法和奖励。
评估学员的表现	要求学员重新叙述此知识、规则或者概念。 要求学员创造一个情境,并将此规则或者概念应用到其中。
加强培训内容的记忆和消化	提供时间重复和温习知识、规则或者概念。 提供将规则或概念应用到多种工作情境中的机会。

例二(续),见表 3-1-6。

表 3-1-6 技能培训(模拟机培训)环境下的培训事件的规划准则

培训事件	规 划 准 则
吸引和保持学员的注意力,并激励学员	引起学员的内在兴趣。
	将教学与学员及培训大纲的近、长期目标联系起来。
	为时间较长的课程变换授课媒介并调整原定休息间隔。
	赋予教员充分的灵活性以便进行没有预见到的教学实时调整。
告知学员培训目标	用清晰简练的语言叙述培训目标。
	用多种方式描述培训目标,这既是为了强调,也是为了消除所有误解。
	阐释目标以及目标与熟练掌握任务的关系。
	将培训目标的价值和岗位绩效联系起来。
启发回忆预备知识	鼓励回忆以前学过的知识。
介绍培训材料	使用合适的授课媒介对具体技能进行实际演示。
	讲解各技能事件及其相互之间的时间规定和先后顺序,并将这些事件分解成几项便于管理的步骤。
	确保执行操作所需的线索是真实且可用的,并将重点放在学员必须采取的措施和做出的反应上。
	强调需要学员在多变的工作条件下采取的措施和做出的反应。
提供学习指导	明确每个技能步骤、其操作要求以及与整个技能事件的关系。
引导学员掌握培训目标	要求学员完成部分或者整个技能事件。 监控学员的学习进展。
提供反馈	在培训初期及时而经常地通报学员的成绩和奖励,而培训后期只偶尔通报。
评估学员的表现	要求学员根据操作标准执行技能事件。
加强培训内容的记忆和消化	对不经常使用的技能进行定期训练。

3.2 成人有效学习的条件

有利于学习的氛围：
1. 营造活跃的气氛提高学员积极性。
2. 促进并帮助学员发现个人有意义的想法。
3. 强调学习的独特性和主观性的特点。
4. 认可差异，“正确答案”不是唯一的。
5. 认可谁都会犯错误。
6. 包容模棱两可的话。
7. 强调自我评估，评估是一个协作的过程。
8. 鼓励自我开放而不是自我封闭。
9. 鼓励学员信任自己及自己所拥有的资源。
10. 让学员感觉到他们受到了尊重。
11. 让学员感觉到他们得到了认可。
12. 允许有不同意见。

3.2.1 提供有效的学习条件

如果你想帮助学员更好地学习，那么帮助他们安排如下事宜：
1. 在学习过程中，采用尽可能与实际工作紧密相连的培训内容。
2. 培训环境尽可能地与实际工作环境相仿。
3. 在可用的时间里，尽可能多地采纳可以直接提升个人工作成绩的绩效指标。
4. 澄清学员在学习要点和行为中的疑问或问题。
5. 在可用的时间里，尽可能地检验他们的新技能。
6. 制订一个明确的让学员未来能获得新技能的个人计划。

3.2.2 成人学习的特点

传统的儿童学习(教育法)，特别是在公共教育方面，都是以老师把知识传授给学生为主导。而成人学习(成人教育法)是一个人(传授知识者)给另一个人(学员)提供获取知识、技能和认知的机会。成人比较喜欢能够自主选择一些练习:他们希望就他们相信的、自己认同的、能应用的方面提供更多的选择。由于这些原因,经验式的教学方法比起传统教室的教学方法具有更多优点。最主要的优点是它更有效,更起作用。事实上,现在许多教育家认为,把这种经验式的教学方法用于对孩子的教育同样也会更好。

- 相对于一系列有限的、互不相关的事情来讲,学习是一个过程,是贯穿许多人的一生的事情。
- 作为学习的最佳方法,学员必须积极投入到学习经历中去,而不是一个被动的信息接收者。
- 为自己的学习负责。
- 学习是情感与智力相谐的过程。
- 如果一个成人学员能够执行某个任务,即使在他完成的过程中需要指导,并且指导会占用更长的时间,你也决不应该仅仅是演示如何完成这项任务。要多为学员提供实践的机会,因为成人是通过动手学习的,他们需要体验。
- 提的问题,举的例子必须是真实的并且与学员相关的。
- 成人总是把学习与他们已经知道的东西相联系。明智的做法是,了解一些学员相关背景,提供一些学员能够理解且他们所涉及范围的例子。
- 一种轻松的培训环境会起到好的效果。试图恫吓成人会引起怨气和紧张的情绪,这些做法对成人学习会起到抑制作用。
- 多种多样的激励手段能促进成人的学习。一个好办法是设法吸引学员的五个感官系统,特别是那些由神经语言组成的感官:视觉,触觉和听觉。节奏的变化和各种培训技巧可以帮助学员减轻厌倦和疲劳。
- 在一个双赢的、无批评的环境里,学习效果会更佳。
- 编制准确的培训目标才是一种更加有效的培训手段。

教员是实现转变的代理人。教员的任务是传递信息、培训技能,并创造一个可以进行探索的环境。学员的任务是接受所提供的信息或技能,并以与他们相关的和最佳的方法应用它们。教员的责任是提供帮助;学员的责任是学习。

3.2.3 影响学习的因素

见表 3-2-1。

表 3-2-1 影响学习的因素

学习气氛	学员面临的挑战。
	有助于学习的气氛。
教员准备情况	培训材料必须与学员的需求、目标和期望一致。
	如果学员是被迫进行学习的，那么，将会对学习的效果产生负面的影响。
培训内容	必须与学员的培训目标和需求相关。
	必须是动态的，如果有的话，应把早先的经验或例子与新的培训内容融合在一起。
学习的助推者	激励学员学习的人(教员)。
	传授知识经验并拓展学员经历的团队。
学习方法	直接影响学习的方法是什么?
	必须考虑可利用的时间、学员的数量、内容的特点、学员的需求和目标、包括采用的方式方法，等等。
	必须把逻辑和/或创造性的需求相结合。
支持性关系	可能涉及同伴学员、配偶、家庭成员或朋友；财政或技术支持；强化的培训材料和角色榜样；承担风险和创新的机会；以及受到教员或其他人的支持和奖励的机会。

结果	当把这些因素组合起来并达到最优化时，才能实现有效地学习。
目标	要设计一个能够使这些因素最优化的大纲或知识经验方面的事例。
引自培训和开发杂志：利皮特所写的《学习的节奏》	

3.3 复习练习

下面哪些是正确的?

□	教员所要做的应该是让学员做他们所期望的事情。
□	教员演示授课内容信息中所有的动作而不要求学员自己做那些学员必须学习的信息或内容。
□	以老师为中心的培训重在强调老师所做的活动，培训活动的重点是讲课技能。
□	以学员为中心的培训重在强调老师希望所有学员都参与的活动，培训活动的重点是参与和互动的技能。
□	老师的声音调节、讲台风度和个人作风与学习是毫不相关的；因为只有学员所做的事才引起他们学习的兴趣，而即使教员不是一名好的演讲人，照样可以让学员学得很好。

第四章　交流技能

4.1　概　述

交流,或者说“信息的传递”,是学习过程的重要部分。在交流中,我们传授知识,表达意见、分享感受。交流的很大部分是通过提问实现的。提问有时暗示怀疑,但它总意味着要求提供信息,其目的是为获取知识、寻求澄清、建立事实、进行评估或也许只是为满足好奇心。

教员作为动机激发者、计划者、小组讨论的领导者、培训者、顾问和评估者,面对着要使学习更有效和更有意义的挑战。要做到这一点,需要教员和学员一起来开发一些技巧,以便于使双方能够自由讨论并表达自己的情感和想法。

4.2　肢体语言

即使没有话语交流,我们也可用非语言方式交流,无论是通过身体动作,例如手势、表情和身姿,还是以空间关系的方式——人与人之间的相对距离。见图 4-2-1。

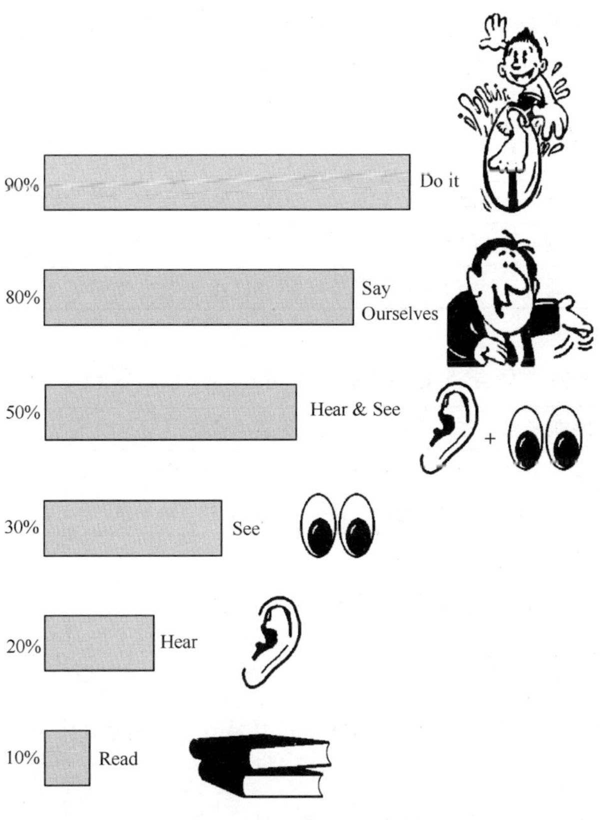

图 4-2-1　成人如何吸收和保留所学内容

阿尔伯特·梅拉宾报告了对非语言行为的研究结果：面部表情的影响力最大(55 %)；其次是声音语调的影响力(38 %)；而最后才是那话语的影响力(7 %)。相应地，如果面部表情或声音语调与话语不一致，它们将控制并确定整个信息的影响力。

人类学家爱德华 T. 霍尔创造了“空间关系学”这一术语：研究我们如何通过利用空间来交流。它研究我们彼此之间站立多远，我们如何安排书桌和访客的椅子，以及我们对进入自己空间的其他人如何做出反应。霍尔描述了北美人无意识使用的、他们做出互动的四个分明区域：亲密的距离，0 至 45 厘米；个人距离，45 厘米至 1.2 米；社交距离，1.2 米至 3.6 米；和公共场所距离，3.6 米至 7.5 米以上。当然，不同国家和民族的人对于相互之间的距离有不同的看法。相对西方人来讲，东方人对于个人空间的要求要薄弱很多。[①]

4.3 主动倾听

主动倾听可以被确定为获得传送者信息的过程，它涉及接收者，也涉及学习过程。

4.3.1 主动倾听的步骤

1. 传送者传递一个“编码”信息。
2. 接收者接收该信息。
3. 接收者对该信息解码。
4. 接收者对该信息做出反馈。
5. 如果解释是正确的话，传送者确认接收者的解释；如果接收者的解释不准确的话，传送者可以增添原先的信息或重新传送一遍。

4.3.2 主动倾听举例

学员	我以为你说今天这堂课要早结束。
教员	你准备今天到此为止吗？
学员	确实如此。我已让我妻子 3 点钟来接我，现在已经 3 点 20 分了。

主动倾听能够让教员了解学员心中的真实问题，而不是仅仅听到学员的抱怨？

学员	什么时候才能结束这些理论课，让我们在机器上操作？
教员	你确信你已准备好了，可以开始用铣床进行实际操作了？
学员	不，还不完全。我还不明白如何使用安全设备，尤其是防护罩。

上例中主动倾听可以让教员确定学员存在的不足。

4.3.3 主动倾听的其他例子

以下的例子可以说明教员通过主动倾听，可以从学员的话语中获得更多的信息。

---

① 贾玉新. 跨文化交际学. 上海：上海外语教育出版社，1997.9.

学员	我不理解参加这个课程的意义。这是浪费时间。
教员	你认为脱离工作岗位来参加这门课程是浪费时间?
	你认为这门课程不值得你学习?

学员	在课程进度上,我落后班上其他人太多了。
教员	你在掌握必要的技能方面有点困难。
	你关心的是班上其他人超到你前面去了。

学员	这个东西我都知道。我的前一个工作做的就是这东西。
教员	你认为你不需要这门课程,因为你以前与此类阀门打过交道?

学员	这一课程非常好;但我几乎等不及回到我的工作岗位上去试用它了。
教员	你对这一课程感到满意,因为你认为你能够应用你所学到的东西了。
	如果你确信自己已经掌握了该课程的目标,那么你就可以回到工作岗位上去使用了。

学员	我永远也学不好这一项技能了,这次培训我失败了。
教员	这一技能使你感到沮丧,你完成这一技能有困难。
	某些培训内容让你觉得难以掌握,并且已经让你有挫败感了。

4.3.4　课程中存在的问题

单有良好的愿望还不足以改善你的倾听质量,应该努力地检查以下常见的一些造成倾听质量不高的问题。针对存在的问题不断改善,才能够逐步提高你自己的听力能力。

1. 你是主动倾听还是被动倾听?当你不同意学员的意见时,仅仅保留你的评论或克制住插话的冲动是不够的。你必须主动去了解演讲者的意思,不应该仅仅是消极地或无精打采地完成任务。

2. 你的思路是否能够一直围绕交谈的主题,或你是否利用停顿计划你下面要讲的观点?如果能够不断地从演讲者的话中获取线索,你就一定会感觉到你们的交流比较轻松。

3. 你听的是话语还是情感?在面谈期间,你完整地记录下所说的每一个词是不够的。更加重要的是要获得所说的词背后"为什么"的要义。努力一点,你能够从倾听中感受到对方的情感。

4. 你知道你自己的情感盲点吗?我们所有的人都有对某些词、词组、手势,甚至态度抱很强的偏见。听讲过程中最难的要求之一是保持客观性。当我们自己的偏见和看法起作用时,我们需要采取最严格的原则和自我控制力才能够不让自己做出情感反应。客观性不仅仅要求我们克制情感反应,还需要我们尽量减少因为情感而导致的听觉封锁。这些"情感过滤器"会使我们只能听到我们想听的东西,因而我们很有可能忽略了更为重要的内容。

5. 你是否愿意保留不成熟的评断和忠告?理想的方法是引导对方自己去发现答案。你必须让对方能够对该答案有深刻的印象。

4.3.5 有效倾听的障碍和益处

1. 有效倾听的障碍是什么？

1.
2.
3.
4.

2. 有效倾听的益处是什么？

1.
2.
3.

4.3.6 有效倾听的10个关键点

这些关键点可以为你提供指导，帮助你更好地倾听。实际上，它们也是养成良好倾听习惯的核心因素。

表4-3-1 有效倾听的10个关键点

有效倾听的10个关键点	差的听讲者	好的听讲者
1. 找到感兴趣的领域。	不理会枯燥的主题。	寻找机会；问“中间有我感兴趣的东西吗？”
2. 关注内容而非方式。	如果讲课方式较差就不理会。	判断内容，跳过讲课中的错误。
3. 忍住你的火气。	倾向于投入争论。	在理解完成之前不做评判。
4. 寻找重要观点。	寻找事实。	寻找主要观点。
5. 灵活性。	使用一种方式记详细笔记。	记录要点。但会使用4～5种不同的方式，根据不同的演讲者确定。
6. 认真地听。	表现出没有适当地反馈行为。注意力是假装的。	认真听讲，展现活跃的身体状态。
7. 抵制分散注意力的事情。	容易被分散注意力。	努力避免分散注意力的事情发生，容忍坏习惯，知道如何集中注意力。
8. 锻炼你的大脑。	抵制困难的说明性材料；寻求轻松的、娱乐性的材料。	使用有难度的材料作为对大脑的锻炼。
9. 保持你的大脑开放。	对情绪性话语做出反应。	解释话语；不纠缠它们。
10. 重视事实：思想快于言语。	如果演讲的速度很慢，学员走神、做白日梦。	挑战、期望、头脑中总结，权衡证据，听话语和语调之间的含义。

4.4　提问的技能

“Instructors will perform with excellence if they employ effective questioning techniques.”

“如果教员使用有效的提问技能，他们会表现得非常优秀。”

Bob Powers，instructor Excellence

4.4.1　提问的重要性

你曾经想过吗？为什么有的教员能够让学员积极参与到课程中而有的教员只是一个人在授课？如果你是一名学员，你是否会为这样的事情生气：某个教员因某个学员提出或回答了一个问题而羞辱那名学员？你是否会因为教员没有给你提问题的机会而恼怒过？或因为你被告知把你的问题保留到课程结束时再讨论而被激怒？这些都与教员所使用的提问和对问题做出反应的技巧有关，而这些技巧将会影响学员对培训的看法。本节我们将对那些技巧进行学习。

通过提供学员提问的机会来复习关键点，教员将会调动学员参与到培训中来，并能够加强关键的学习点、纠正错误的理解。这个简单的做法可能对学员是否实现培训目标起到很关键的作用。

教员应该为学员提供适当的提问和复习材料的机会。如果你是一个学员坐在教室里，教员一个劲地讲呀讲而不给你的大脑一个休息的机会或一个澄清某个观点的机会，谁都能够想象将会发生的事情。因此，建议教员鼓励学员在任何时候都可以提问。

如果灵活地控制课堂上的学习氛围对你来说有较大的困难，那么你可以尝试通过每20分钟让学员进行提问或者与学员共同回顾复习的机会来达到这一标准。简单的道理是，人的听力集中的时间不可能长于20分钟。如果你只是一味地讲课超过20分钟，你一定会失去学员的参与和兴趣。这样的话，即使你给他们提供提问机会，学员提问的兴趣和可能性也将减少。如果他们必须把问题保留到最后再提，他们很可能把原来想提的问题给忘了。当他们停止提问题或想不起原来想提的问题时，他们头脑里留下的有可能就是错误的理解。

要符合这标准，应该在你课程中设定一些阶段，让学员知道他们什么时候可以自由提问。另一种方法是，你可以每隔20分钟左右停下来，问：“你们有什么问题吗？”

4.4.2　提问的目的

作为一种引导和激发讨论的手段，对讨论的领导者来说，提问是一种基本的技巧。下面是一些可以利用问题来实现的主要目的：

1. 鼓励学员思考。
2. 激发学习动机。
3. 促进活跃的思维。
4. 促进学员的参与。
5. 经过很好设计的问题将帮助积累数据和开发课题。
6. 在讲课或讨论过程中，通过提问和回答问题可以帮助学员更好的完成培训目标。

4.4.3 问题的类型

表 4-4-1 问题的类型

<table>
<tr><td rowspan="2">开放性的</td><td>无“正确答案”，允许个人“随意地”和“公开地”表达任何的感想。</td></tr>
<tr><td>适用于讨论性的问题。如，你们对老板期待你们的工作水平有什么想法？……有什么利弊？</td></tr>
<tr><td rowspan="2">探索性的</td><td>较为具体，但依然是开放性的。</td></tr>
<tr><td>用于获取更多信息或澄清观点，如，你们认为提升水平在哪些地方还可以再提高？</td></tr>
<tr><td>具体性的</td><td>获取具体信息，有限的回答，如，当老板向你提到对工作水平的期待时发生了什么？</td></tr>
<tr><td rowspan="2">引导性的</td><td>邀请期待的答案。</td></tr>
<tr><td>引导学员给出希望的回答，如，你不认为那位老员工的工作水平太低了吗？</td></tr>
<tr><td rowspan="2">封闭性的</td><td>以“对”或“不对”作为其答案。不邀请进一步评论。</td></tr>
<tr><td>用于结束讨论，如，你们将为实现新水平而努力工作吗？</td></tr>
</table>

4.4.4 问题的使用

表 4-4-2 问题的举例

<table>
<tr><th>具体应用</th><th>例　　子</th></tr>
<tr><td rowspan="3">开始一个讨论</td><td>主要目的是什么？</td></tr>
<tr><td>你们怎么定义？</td></tr>
<tr><td>你们的看法如何？</td></tr>
<tr><td rowspan="3">吸引和保持兴趣</td><td>你们怎么理解“士气”这一术语？</td></tr>
<tr><td>你们依据什么来评价一个工作小组的精神状态？</td></tr>
<tr><td>在这些元素中，哪个可能是最有意义的？为什么？</td></tr>
<tr><td rowspan="3">保持小组交流持续进行/引出更多的信息和主意</td><td>张，你的观点很有意思。你们其他人怎么认为？(或提引导性问题)</td></tr>
<tr><td>还有别的应该加以考虑的观点吗？</td></tr>
<tr><td>现在我们已经听到了正面的观点，还有什么应该讨论的负面观点吗？</td></tr>
<tr><td rowspan="4">使没有参与的人参与</td><td>李，根据你的经验，这一观点会如何影响你的看法？</td></tr>
<tr><td>张，你的看法如何？</td></tr>
<tr><td>王，你在哪儿看到过这种事发生？</td></tr>
<tr><td>张，作为这一领域的专家，你对这一政策如何反应？</td></tr>
<tr><td rowspan="3">澄清信息或评论</td><td>你能就你的观点给我们举个例子吗？</td></tr>
<tr><td>小贾，你如何解释小张的观点？</td></tr>
<tr><td>这一新政策与那老政策相比有什么不同？</td></tr>
<tr><td rowspan="2">使讨论保持在目标上</td><td>有趣的观点。你能把它与你前面提出的观点相联系吗？</td></tr>
<tr><td>哦！原先提的是什么问题？</td></tr>
<tr><td>引导讨论进入下一个主题</td><td>现在我们已经确定了原因，下一个逻辑步骤是什么？</td></tr>
</table>

续表

具体应用	例　子
评价和评估信息	有了这个数据，我们能得出什么样的结论？
	那些事实能证明该结论吗？为什么能？为什么不能？
	这些信息累加起来如何不同于你的经历？
处理“问题”成员	你是否总是持一种少数派观点？（你脸带微笑。）
	你们中有多少人愿意讨论小王提出的问题？
	看来只有你和我愿意讨论此事。我们能否在吃午饭的时候讨论我们不同的观点？
	我理解但不同意你的观点，王。你是否对我的观点也有不同看法。好吧，让我们的讨论到此为止，继续下面的内容。（如果不停止讨论，对小组的其他成员提一些“理解性”问题并根据反应，继续讨论或复习材料。）
示意想要的反应	难道这不是一个更好的方法吗？
	百分之十似乎是正确的，不是吗？
得到同意、答案或结论	我们从这些信息中可以得出什么可能性结论？
	你们中有谁不同意对这一观点所作的结论吗？
	这一切的最终结果是什么？
	当你把这些加在一起时，这一切对作为金融专家的我们意味着什么？

4.5　反　馈

优秀教员都知道，通过评估学员的表现，他们可以帮助学员实现培训目标，而且非常有利于加强课程。

要了解学员在朝实现课程目标前进的进度情况如何，部分地可以通过使用问题测试对学员进行评估：可以经常做一些小测验、测试和练习，把它们作为课程材料的一部分内容。

例如，提一些开放性问题是评估学员的知识的一种很好的方法。让学员总结课程或关键点，问他们将如何应用所教的原理，也是评估学员的一些好方法。

观察表现是判断学员是否已经获得了预期的工作技能的最佳手段。例如，假设一个课程目标是要求学员能够掌握一种为他人提供反馈的方法。角色扮演是评估学员表现的一种很好的手段，因为它使你能够观察学员提供反馈的过程，让你知道学员是否已经掌握了这种方法。

课堂培训中有两种反馈方式。第一种可以强化良好的表现——这种反馈可以确认学员完成了你要求他们做的事情。例如，如果学员成功地完成了一个练习，在这个练习里她输入了“薪水和财务人员”处理一周工资单所必要的信息，你可以赞扬她，并说明她的表现已经达到了你的预期。这样可以更好地强化她的表现。例如：“对于本周加班时间，你分配得很好。那是一种复杂的分配，而你掌握的有关加班费率的知识对分配过程至关重要。”这样的反馈也被称作“激发学习兴趣的反馈”。

第二种反馈称作“开发性反馈”，它旨在帮助学员开发、加强或纠正表现。但是千万要注意不要用批评的口气，这样会对学员产生负面影响，不利于学员的学习。表 4-5-1 中的四个例子显示出负面的和开发性反馈之间的差别。

表 4-5-1 不同反馈的比较

负面反馈	开发性反馈
“你刚才的陈述真是糟糕透了。我感到吃惊副总裁没有把我们赶出员工会议。”	“如果能够确定一个更清楚和简明的目标，你向副总裁的陈述将会更加完美。我很愿意看一下你为下一次陈述所作的计划。”
“上个月的财务报告是不完全的，因此没有多大用处。”	“上个月的财务报告缺少了汇总数据。我想下个月的报告把这部分数据包括进去将会更好。”
“你什么时候学过搭脚手架的？你知道控制技术员的平均身高是多少吗？”	“在你下一次搭脚手架时，我希望你与要求做这项工作的工作小组先谈一谈。那会帮助你确定搭脚手架的最佳方式。”
“考虑到你是第一次使用地板抛光机器，我想你做的不算太差。当你开始让它前后剧烈摇摆时，我以为你要在墙壁上撞出个大洞来呢！”	“当你下次按动手柄触发器发动机器时，一定要果断并轻柔地对手柄施压。这将使你控制住机器的侧向运动，可以防止事故的发生。”

激发学习兴趣的和开发性反馈一样都要求教员成为教室里的教练。想象一下吧，如果篮球教练的作用仅仅是指出错误的地方，怎么可能使篮球队打好球呢。优秀的教练员知道他们的作用是帮助队员发挥他们的最佳水平。如果这两种反馈形式能够得到适当地使用，将会对学员实现培训目标起到很大的作用。

4.5.1 提出反馈

正是因为存在两种不同形式的反馈，而教员在培训过程中不可避免地要运用两种形式进行反馈，所以如何自如地运用这两种反馈来达到培训的目标，同时又让学员能够接受这种反馈，成为一个需要讨论的问题。

大部分教员接受的是把反馈信息混合起来的培训。换句话说，他们接受的教育是：当他们有负面的事情要说时，他们应该将那负面的事情夹在两个正面的反馈之间。有的教员接受的教育是，应首先给出激发学习兴趣的反馈；还有的教员却坚信，应该首先给出开发性（着力于纠正学员的行为）反馈，在课程结束时能够给学员留下一个正面的（激发动机性）的印象。第四种选择是仅关注行动——学员在这方面已经做得很好，但你希望看到他们改进的方式。

实际上，在什么时候应该使用哪种反馈方式，还没有一致的意见。把负面和正面的反馈夹在一起可能会使有些学员对传递的信息感到迷惑不解。有些人会关注反馈的不同方面。如果首先给出正面的反馈，学员可能就不愿听纠正性反馈，或许会对接下来的负面反馈感到焦虑不安。这种先给开发性或纠正性反馈的缺点是：如果负面性讨论失去控制，谁也不会再有心情去分享正面的讨论。学员也许就对批评“高高挂起”。无论你的课讲得如何专业，学员也许根本就不会去听那正面的反馈。

所以在确定你的反馈形式时，最好能让你要反馈的内容、学员的特点以及你期待他们的反应等作为你的指南。

4.5.2 给出反馈的其他技巧

反馈会对学员有帮助，当它是：

1. 具体的而不是笼统的。
2. 建设性的而不是破坏性的。
3. 针对变化性行为的。
4. 宜早而不宜迟的。
5. 为澄清而检查的。
6. 正面的和提供信息的。

4.5.3 反馈的价值和障碍

反馈的价值是什么？

1.
2.
3.
4.

给出/接收反馈的障碍是什么？

1.
2.
3.
4.

4.5.4 反馈建议

如表 4-5-2 所示。

表 4-5-2 提供适当反馈的建议

应该做什么	应该避免什么
考虑接受反馈的个体的需要。主要关注该信息将如何帮助学员。	寻求你需要的满足感(为权力等)。在一种帮助性关系中，会降低分享性的气氛。
主要在关注个人的行为上。(“你讲得太快。我发现难以理解你在说什么。”) 这让那个人承担起改变其行为的责任。	评论那个人无法控制的行为。(“你太笨了。”) 这只会导致沮丧。
主动地听。假设你必须将发言者的话解释给他听，这样可以让你关注学员所说的话。	计划进行反驳。“是的，但是”传递的信号是你正计划反驳。这会干扰说话者要讲的内容。

续表

应该做什么	应该避免什么
保持目光接触。这会促使你把注意力集中在所说的话上，并让说话者知道他/她的话有人在听。	当在交谈中有停顿时把目光看向别处。这会限制对传递内容的接受程度。可能错过非语言的信息。
认可评论。使用语言的或非语言的信号鼓励说话者继续。（“我明白了”、“哦”、点头或微笑一下。）	打断说话者。除非传递的信息第一次就被完全接受，否则很可能会错过完整的信息。
寻求澄清。（“对此你给我多介绍一点”。“你什么时候看见的？”“请把那个再讲一遍。”）	否定反馈。（“我不习惯摄像机对着我，因此我表现得不是很好。”） 把自我感觉不舒服的东西合理化是一种共同的反应，但那更多会成为你了解自己的障碍。

第五章　难以应付的学员

5.1　概　述

大多数参加培训的人员都是抱着合作的态度并乐于参与讨论的。但也不排除学员中有少数人会故意地制造些小麻烦。那么，作为需要掌控课堂的教员应该如何对付不合作的学员——麻烦制造者呢？首先，教员应该明白，课程本身的好坏也是影响学员参与度的重要因素。好的课程必须展示出以下的特点：

- 教学设备具有详细的说明。
- 完成培训目标后具有一种进步感。
- 与工作高度相关。
- 可接受的速度、持续时间和工作要求。
- 很好的趣味性。
- 学员对教员的表现有很高的满意度。
- 促进学习进行的设施。
- 一个压力低的学习环境。

学员的主管在他们的雇员培训中扮演一个重要的角色。如果主管把那些培训课程看做是发展机会的话，他们能够给学员提供一个有助于学习的思维框架。

另外一点就是要考虑到学员对于改变的接受程度。有效的学习必然要产生变化。教员的角色之一是要求人们接受新的思维或行为方式，或者修改现有的思维或行为方式。一般来讲，让人改变是一件很难的事，除非他们被说服新的思维或行为方式会给他们带来更大的好处。在课程开始时，人们可能会问自己，“这课程对我有用吗？”因此，教员应该能够预期到最初的一些抵制并为它所产生一些消极或不正常的行为做好准备。比较常见的是，学员对课程的内容提出反对意见、控制讨论、退出讨论、争论，等等。教员应把这些行为看做是促进改变的一种前期准备行为——而非无理取闹——那么你就能更加有效地处理它。

遇到类似情况应该有耐心并敏感地做出反应。要时刻关注学员在接受新事物过程中的变化，并通过表达信心和称赞进步对这样的变化做出反应。这为更大的变化打下基础。如果教员自己都失去耐心并做出愤怒和失望的反应，那么课程就会更加激怒学员，并使其产生抵制和消极行为。

5.2　非防卫性行为关键点

非防卫性行为对于很多教员来说可能还是个陌生的词语，简单地解释就是对学员提出的不同意见和建议采取积极、客观的态度进行处理，无论教员觉得学员的意见和建议有多么的荒谬和不可理喻，都不能将学员放在对立面上。非防卫性行为有几个关键要素需要教员掌握。

1. 澄清情况

- 提问，变换措辞以检查学员的理解情况。
- 客观地听，融合地接受学员的意见。

2. 接受输入

- 着重于接受别人的观点。
- 采纳并不意味着同意。你可以不同意，但是应该把别人的观点作为不同的观点接受。
- 不要要求学员一定是正确的。

3. 保持客观

- 在整个讨论中保持客观。
- 解释你的观点。
- 阐明能说明你观点的相关信息。
- 愿意接受别人的不同观点。

成功运用“非防卫性行为”解决问题的前提是教员要能够“主动倾听”。“主动倾听”是指听取一个人话语背后的意思，而不仅仅是听词本身的意思。主动倾听的作用在上一章已经做过详细地解释，这里仅举一下“主动倾听”的例子：

反对者的话：“我认为这个录像完全不适合用于该专题讨论课。”

一个典型的回答是：“我们认为它引出了我们专题讨论课的关键点。它是我们能够找到的最好的录像。”

主动倾听的回答是：“你发现这个录像怎么不合适？”

实际上，你是把问题返回给了那个人，那他就要找理由证明他的问题了。把球踢回到他们的场地里，给予一个逻辑的、友好的而不露防卫性痕迹的回答。讽刺性地回击可能损害你的形象并且让你显得非常傲慢。而主动倾听可帮助你与言词攻击保持距离。它帮助你保持冷静，帮助你引开攻击而不是还击或变得处处防卫。

不合格的提问是指问题中的含有不精确的、带感情色彩的或隐晦的词的阐述。较好的提问是要为问题寻找一个正确的解释。

不合格提问的例子：

- 你认为哪一方面“粗俗”？
- 为什么“残忍”？
- 怎么是“错的”？

较好提问的例子：

- “你是说下岗吗？”
- “你是指不适当吗？”
- “你是说他撒谎了吗？”

反问技巧是指你向说话的人求证你的理解是否正确。

反问技巧的例子：你问的问题是我的点子对公司有什么好处，我的理解对吗？

5.3　处理消极行为

处理消极行为的一种方法是使用可改进工作习惯的"关键因素"。这种关键因素适用的时间不同：有时候适合在课堂上进行，有时候在课间，有时候在一节课结束之后马上进行。关于这种方法的一些实用性的建议如下：

- 详细描述你已经观察到的不良习惯。
- 树立具体的行为榜样。
- 不要过多地解释以避免使人们产生恼怒和防卫情绪。
- 保持冷静。
- 表明该行为为何使你关注。
- 描述该行为对你、对其他学员和课程本身产生的消极作用。
- 对行为影响尽可能具体地描述将帮助该学员更清楚地了解它的严重影响。
- 询问原因并敞开心胸地听解释。
- 认真倾听学员对自己行为的解释。
- 通过重复学员说的话检验你听到的内容以及你的理解是否正确。
- 以客观的态度做出反应以明确存在的问题或需要关注的方面。
- 表明该情况必须得到改善或询问解决问题的方法。
- 讨论每一个解决方案并提供你的帮助。
- 采纳你认为将起作用的建议。如果你能采用学员给出的任何一个方案，你都将得到更多与学员互动的机会。
- 建立公平、公正意识。如果学员不合作，会让他们自己显得格格不入或者不好意思。
- 表明你随时可以提供各种方式的帮助。这可以让他们把你看做一种资源而不是一个敌手。
- 同意即将采取的具体行动。
- 总结你和学员之间达成共识的结果，具体地说明这一结果包含的每一个要点。通过提问你的总结是否准确和完整来征求意见。
- 尽快采取后续行动。回顾与学员共同经历的事，消除任何不愉快的感觉，并建立其在未来继续合作的基础。

在这类讨论中，我们的最终目标是说服学员改变他们的行为。寻求信息和建议并对那些建议善加利用，将增加我们成功的机会。对学员的建议进行讨论好处很多，可以让学员对他们不良行为的根源和那些行为对其他人的影响获得更加深刻的认识。

然而我们经常碰到的情况是：尽管我们做了种种努力，消极行为依然存在。作为最后一招，该学员应该被要求离开课堂。一个麻烦制造者可能毁了一堂课。出于对小组其他人员的尊重，我们有责任确保这种情况不会发生。

在完成一堂课后，我们可以采取一些必要的措施，这样会使下次讲课更加成功。如：认真听取学员对这一堂课的反馈。学员认为做得好的方面以及具体改进的建议能够帮助教员确定自己所提供的培训内容哪些是有效、哪些是无效的。在以后上课时，应该记住学员较为有用的评论。

5.3.1 消极行为的类型

消极的或不正常的行为是指某个学员所说所做的会干扰其他学员完成课程培训目标的任何事情。

消极行为的一些例子有：

- 迟到。
- 对其他学员扮小丑。
- 不断地对内容或过程提出反对意见。
- 被动地参与活动。
- 干扰讨论。
- 退出讨论。
- 与教员或别的学员争论。
- 让教员或别的学员难堪。
- 质疑教员的能力。

有时候，判定行为是否是消极的或是否对课堂有利是需要技巧的。例如，两个学员之间的争论能代表两种相反观点的交流。这并不一定是消极行为，教员应该学会把自己的关注点集中在那些持续表现出不合作行为的学员身上。

5.3.2 消极行为的起因

消极行为的起因主要有三类：个人的、关系的和组织的。一些例子如下：

个人的

- 认为不需要参加该课程。
- 有无能或不如别人的感觉。
- 对课程内容或过程不满。
- 对不同的主意或行为抱拒绝态度。
- 看不到课程有什么回报。
- 寻求度假或娱乐而不是一次学习经历。
- 希望课程失败。

关系的

- 希望得到承认或认同。
- 希望贬低其他学员或课程领导者来突出自己。
- 希望证明自己。
- 需要别人的注意。
- 需要控制别人。
- 担心暴露自己或感到难堪。
- 不喜欢其他学员或课程领导者。
- 感觉受到别人的威胁。
- 不信任别人。
- 认为课程领导者缺乏信誉。

- 把任何类型的培训都看成是惩罚。

组织的

- 对工作或组织缺乏兴趣。
- 对工作或组织有怨恨。
- 对组织的政策或工作程序不满。
- 在课程上所花时间和其他工作要求之间有冲突。
- 工作精疲力竭。

多数消极行为有若干种互相关联的原因。这样的行为在一堂课上或在培训班上可能要比在工作中发生得更加频繁，因为教员通常与学员之间没有直接利害关系，他们被看做是“安全的”目标。为此，教员必须制订一些策略来对付课程学员的消极行为。

5.4　处理难以对付的学员的行为

表 5-4-1 是你作为教员或车间领导可能会遇到的一些人的个性类型，以及处理这些人的一些设想。

表 5-4-1　应对不同类型学员的建议

该人如何表现	为什么	如何处理
捣乱者	挑衅型、争论型。 从挑战别人中获得满足感。	不要因为他/她而感到苦恼。设法找到他/她的一个优点，表示你的认同，然后转向别的事情。如果他/她对事实做出了明显的错误陈述，把对它评论的事推给小组来做，让他们来纠正此人。
过分地夸夸其谈	这种人通常是下面四类中的一类： 1. 一个“勤奋工作者” 2. 喜欢炫耀者 3. 消息特别灵通，急于展示。 4. 喜欢讲话。	等待，直到他/她停下来；然后感谢他/她；重新把注意力集中到那课题上，继续讲课。用一个困难问题使他说话放慢。或者插入一个评论：“那是个有趣的观点，现在让我们看看小组其他成员如何看待。”一般的做法是，尽可能让小组其他成员来对付他/她。
抱怨者	可能有一个经常抱怨的对象；或可能是为抱怨而抱怨。在有些情况下，此人的抱怨可能是合法性抱怨。	指出该课程的目的是通过建设性合作来找到完成工作的更好的方法。 在某些情况下，让课堂上的其他学员替代你回答。

续表

该人如何表现	为什么	如何处理
不说话	感到厌倦	如果他/她是厌倦了，通过询问他/她的直接意见而激发兴趣。
	不参与	如果他/她不参与，让坐在他/她旁边的人发言。然后询问那位安静的人的意见或观点。
	优越感	在表示佩服他/她的经历以后，问他/她的观点（但不要表示得过分，否则小组其他人员会对此表示不平）。
	胆怯/无把握	如果是胆怯/无把握，当他们第一次开口讲话时就表扬他们。
个性冲突	两人的意见差异太大或者就是难以相处。	强调他们相同的观点——使他们不同的观点最小化。 对此主题提一个直接的问题，把其他人拉入讨论。
窃窃私语者	可能是在评说课题，但往往是个人间的交谈。	不要让那人难堪，可以点他/她的名字，问一个容易的问题。 或者点他/她的名字，然后重说一遍刚才表达的意见或最后的评论，通过征求他/她的意见，让他/她也参与到谈话中来。
肯定是错的	这种人可能是：	
	混淆不清	如果是混淆不清，你可以说“好吧，让我说说我是否理解了你的意思”，然后变通地更加清楚地重述一遍刚才的评论。
	获得错误信息	如果是获得错误信息，首先感谢他/她，然后询问同一主题的另一个评论。这可以让小组的一个成员来进行纠正。

5.5 难对付问题和提问者的类型

每当你开始一个问答环节，你就必须有冒险的心理准备。你必须开发一些技能以应付各种困难问题和提问者。你应该记住你有两个主要责任：第一，要充分利用你的材料；第二，要满足所有听众的需要，而不是仅仅满足一个听众的需要，当然，除非那位听众是必须做出决定的一个关键人物。以下是为处理出现的最常见的问题的一些建议。

对于那个试图让你就某个具体事情或观点进入一对一争论的个人，必须把他晾在一边。请记住这些，即使你的观点正确得无可挑剔，你在这样的争论中也总是属于输家。首先，那位争辩者通常不会服输，即使他的观点被你完全驳倒。其次，一个脱离主题的争论通常是其他听众不感兴趣的，因此你可能会失去这些听众。第三，如果你让那人显得愚蠢，其他的听众很可能会同情那个人而对你有所抱怨。

多数时候，一个公开争论的人主要是为了寻求获得认可，既得到讲课人的承认，又得到其他听众的承认。他可能会把争论看做是展示个人知识和能力或发泄心中牢骚的机会。什么是对付争辩者的最佳方式呢？如果那人寻求的是获得认可，那就认可他，从而摆脱这种争论。你可以这样说："你提出了一些非常有趣的想法。我愿意花一点时间与你一起对它进行详细探讨。我们可以在课后一起来谈吗？"

如果你对那问题确实有一个令人满意的而不会使你的听众产生对抗的答案，你可以试着这样说："谢谢你提出这个问题。我赞赏你的观点。我们认为从其他角度考虑可以更好地处理这个问题。如果你愿意，我很高兴在课后再与你详细讨论。"

欺骗性的或别有含义的问题是那种特别设计的要使你难堪或下不了台的问题。它往往是一个不可能被回答的问题，或者它暗示你在设法掩盖什么。一个典型的欺骗性问题可能是"就算没有这次培训，我们怎么就能确定雇员的业绩不会得到改进？"这个发问者通常是想得到别人的认可。她/他或许想和你玩个游戏。问题被提了出来，知道你的答案可能是什么，当你做出回答，马上反驳你的答案。除了以上所推荐的技巧之外，试着对这样的个人进行"反击"。"那是一个非常有趣的问题，小朱。你怎么认为呢？"如果她仍然想要玩胜人一筹的游戏，那么，你就拥有了主场的优势。不过，与那爱争论的个人一样，延长这种讨论，你得到的会很少而失去的会很多。所以，你应该离开此主题，越快越好。

夸夸其谈者或转弯抹角提问者总会漫无边际地海谈或必须要告诉你他或她的生活史之后才讲到正题上。如果允许让他或她喋喋不休，不仅使其他听众失去了兴趣和注意力，而且也把宝贵的时间浪费了。如果可能，你应该干预，但要顾及此人的面子。有时候，这可以推迟到把要讲的内容讲完之后进行，就像对付前两个类型的提问者一样。如果这样做不可行，可尝试以下的方法之一。

1. 如果你能预期到会提出什么问题，你应抓住第一个机会，替那人提问并回答那问题。

2. 强调他/她表达的某个词或观点，指出这个词或观点与你或别人早先说过的某件事的关系。

3. 仅仅作为最后一招，出于时间的原因，打断那提问者。如果你能做到，为了避免引起此人或其他听众的对抗，你要让他或她顺着台阶下并给予认可，"那非常有趣，李。我很希望我们有时间深入地讨论，可惜时间不允许了。"

如果你对那个问题并没有一个很好的答案，便承认你没有，要不就推荐某个能提供答案的人或提议以后给出答案。如果你不懂装懂，你不仅不能满足那位发问者，而且还会使其他学员对于你所讲授的课程内容产生质疑。当我们没有答案时，我们就应该承认没有。然而，在当时的压力下，很多人都会强烈地受到勇往直前地保护自我地诱惑，并希望没人会抓住我们的弱点。千万要抵抗那种诱惑！

如果你需要思考的时间，或需要时间对那问题评估，或因为那问题让你措手不及(你可以给一个答复，但是你需要一点时间集中思想)，那么你就停顿一会儿。而不是立即开始回答，如果想让你的想法跟得上你的话语，不妨尝试以下的开场白方法。

1."你是否可以重复一下你的问题(或对它扩展一下)，我听得不是很清楚。"

2."那是一个很好的问题。你怎么认为呢？"

3."那是个非常好的问题。让我们想一想。"(停顿，直到准备好回答。)

4."那是一个有趣的问题。其他人怎么认为呢？"

如果那问题对课堂讨论有用，把它或答案写在黑板上，这可以给你思考的时间。

第六章　教学器材和媒介

"A picture is worth a thousand words, but they must be able to see it".

"一幅画胜过千句词,但他们必须能够看得懂那幅画"。

Anonymous

6.1　视听媒体

视听辅助工具和案例能够以图片和声音的形式表达所要培训的内容。如果培训能调动人们不止一种感官,他们就能更好地回忆他们所学到的东西。

我们现在处于一个视觉社会:如果你想让别人记住你所说的话,给你的听众一些能看得见的东西。如果你想传达给别人一种复杂的想法,那么应该考虑有没有某种在视觉上展示它的方式呢？人们对看到和听到的东西要比仅仅听到的东西多记住50%。视觉辅助工具已经成为许多演讲和讲课不可或缺的手段。本章节将就如何使用它们,以及何种情况下使用它们给你提供一些帮助。

视觉辅助工具有它们不足的一面。正如任何一个使用过视觉辅助工具的演讲人都会告诉你的:它们占用你大量的时间和思考;它们会把注意力从你说的内容上引开;它们的价格昂贵;并且如果出现任何一点差错,它们就有可能变成一场灾难。

如此说来,那为什么还一定要使用视觉辅助工具呢？我们使用它们,是因为一幅画确确实实能抵得上一千句话。用语言要解释半天的事物,可能一张图片就可以看得非常清楚。它们能节省时间,吸引学员兴趣,丰富讲课形式,并帮助学员记住你所讲的要点。

任何能够帮助你完成培训内容的工具都可以作为视觉媒体。表6-1-1所示为常用的教学器材和视听媒体:

表6-1-1　常用教学器材和视听媒体

1. 闹钟/定时器	2. 活动挂图	3. 多媒体投影仪
4. 计算机	5. 视频	6. 讲义
7. 模型和实物	8. 黑板/白板	9. 墙壁挂图
10. 模仿/角色扮演	11. 参考材料	12. 摄像机
13. 录音笔		

以上所列的并不是一个完整的清单。不过,它确实包括了目前教员经常运用的大部分媒体。如果教员还想用该清单以外的教具,那么他/她必须了解如何使用该设备,以及使用这种设备的利弊。

6.2　有效使用视听辅助工具的指导原则

在你还没有练习使用某种视听辅助工具之前，千万不要在听众面前使用它。首先要：

- 确保它能正常工作。
- 把各部件按合适的顺序排列。
- 练习使用，并使自己熟悉该设备。
- 你必须能够轻松地使用它。

确定该辅助工具对交流是一种帮助而不是一种妨碍。

- 它应该简单、清晰，而且能够将你的构思演示出来。
- 使用对比、颜色，或其他方式以强调或澄清要点。

使用该辅助工具支持你要说的东西。避免你说的东西去支持该辅助工具。

- 当你变换幻灯片或处理辅助工具时，不要中断你的话题。
- 说话的声音要比平时所需要的更高一点。
- 切记听者的注意力是被均分的。
- 在一间暗光的屋子里，需要音量高一点才能保持注意力。

了解学员和视觉辅助工具之间的观看视线。

- 不要站在你的听者和视觉辅助工具之间。
- 站在一边。
- 使用教棒。
- 面对听众讲话。
- 在地板上贴上 2 到 3 片胶带以提醒你在挂贴直观教具时站立的位置。
- 不要提前放映内容，否则会影响授课效果。

在设计视觉辅助工具的时候应记住的几个关键点。

- 一个概念/图表。
- 简单、易读、突出要点。
- 颜色的使用：主要媒介——黑色、蓝色和棕色；突出要点——橙色、绿色、不同的红色、不同的黄色等等。一种辅助工具不超过三种颜色。
- 印刷字母——字体要大、清楚、整洁。每行 6 到 8 个词。
- 每张图片 6 到 8 行。
- 特技效果——有限使用。
- 风格一致。
- 每一视图两分钟(最大值)。

要求教员能够对培训辅助工具进行一些小的维护：例如，更换投影仪的灯泡，清洁摄像机的镜头，水平和垂直调节电视监视器的支座，等等。不要求教员修理一台已坏的电影放映机或修理一个已损坏的录像机磁头，但是通过学会做一些小的维护和调整，他们可以避免大的麻烦。

教员在使用培训辅助工具时，总是应该按照规定的安全方法使用。如果没有相关的信息，教员应该按照常识进行操作。比如：在教室里最常见的事故是绊在电源线上。防止这样事故的一个简单方法是用胶带将电源线固定在地板或地毯上，或使用橡胶地板条把电源线盖住。另一种常见的事故是划伤，被锐利的物件，甚至纸张划伤。因此教员在课程开始时，将培训过程中可能涉及的安全问题与学员一一交流清楚。

6.2.1 闹钟/定时器

定时器可以帮助你对时间安排进行更好地规划。需要定时的因素很多：

- 讲话的速度。
- 关键点或词组的重复。
- 问题的重复或重新措辞。
- 控制提问时间。
- 停顿。
- 倾听。

一名高素质教员应该认识到何时继续讨论和何时往下讲课。决定的依据是：

- 整个小组的需要。
- 可利用的时间。
- 需要讲授的材料。

目标：在保持住学员兴趣的同时，整合上述需要。

6.2.2 活动挂图

挂图的优点：

- 非常灵活，可以事先准备或随时使用。
- 记录下关键点可以提高学习效率——学员既听到又看到重要的概念。
- 挂图内容的组织结构能够引导逻辑思维。
- 标题或问题能够引导思维朝向某个具体方向发展。
- 问题能够引导讨论并激发思维。
- 挂图能够集中学员的注意力，使用方便，看得清楚，相对容易运输，并且成本低廉。

挂图的其他价值：

- 在集体自由讨论掀起头脑风暴时，把学员说的内容写下来。如果需要，让他们总结。当看到把他们的反应记录在挂图上时，学员的自尊心会大大地提高。
- 挂图页可以用胶带贴到墙壁上，提供对关键点的视觉提示。
- 挂图页可以参考相互关联的关键点。

不利因素：

- 如果一个小组的人较多，效果不佳。
- 如果布置不当，不能被所有的人看清。
- 若有人无意中将它用作倚靠的支柱，它可能掉落下来。

使用技巧：

- 写出讨论的主题或作为问题的标题页。
- 一开始就提醒学员关注讨论。
- 在整个讨论中起到一个提示的作用。
- 通过给出完整的图像提高学习效果。
- 书写或打印清楚,字体要大得足以在房间后面也能被容易地看清。
- 使用鲜明的标志物。
- 不同的颜色可以突出和强调关键点。
- 在不同项目前、在每一项的前面,使用小圆点或数字编号。
- 如必要,多多实践。

在课程开始之前,在活动挂图上写下激发思维的问题或引语,留下能让学员评论的空间。

- 把学员引向主题。
- 使学员参与讨论。
- 给那些早到的人一些事情做做。

几点建议:

1. 良好的工具能帮助回忆要点,比如用铅笔在活动挂图上轻轻地写一些注释。注释是学员看不到的。

2. 用右手书写的人在书写时应该站在挂图架的右边,在使用事先准备好的挂图时站在左边,以便指出所要讲的内容。(用左手书写的人则相反)。

3. 在活动挂图上记录事情时,不要担心自己不是艺术家;但事先准备好的挂图应该检查其拼写。

4. 练习撕下活动挂图页,以避免在讲课期间出现令你难堪的时刻。使用"向上撕"或"向下撕"的方法,看哪种方法最适合于你。

5. 避免把挂图顺序搞乱了。

6. 确保挂图架有一个牢靠的支撑。

7. 应该避免背对听众在活动挂图上书写,并且应该边写边讲。

8. 书写要整洁、易读,使用多种颜色的笔书写。打印比手写更容易看清。

9. 使用纸贴记录活动挂图上的信息,要确保自己能够看得清记录的信息。

10. 提前剪好十一二条胶纸带,并把它们放在该挂图的背部边缘,这样你就能方便并且高效地粘贴它们。

11. 当学员用贴在墙壁上的纸书写时,应使用双页纸,这样墨水就不会弄脏墙壁。

12. 如果是分成小组讨论,应该计划为每六个人准备一个活动挂图(不需要挂图架)。

13. 要始终记住挂图架的所在位置,这样在你往后退着走时不会撞到它。

6.2.3 多媒体投影仪

多媒体投影仪具有强效和精巧的特点。它是用于展示图像的理想设备。

该投影仪应该能与各种设备匹配,包括手提电脑、录像机、摄像机等。它的特点是图像分辨率高,它显示的图像就像在计算机屏幕上显示的一样。应熟悉所有线路连接,遵循制造商的说明,或与视听部门联系以获得帮助。

应熟悉你将在你的计算机上应用的程序(PowerPoint 等),如果使用遥控器的话,还应熟悉讲课时遥控器的使用。

应了解一些安全和维护方面的事情:

1. 不要直视透镜。
2. 应确保所有相关设备之间都已正确连接。
3. 避免在散热孔附近放置物体,因为可能会发生过热现象。
4. 不要把液体放在设备附近。
5. 将设备放置在透镜上可能造成损坏。
6. 寒冷会损坏光学和电子元件。

其他建议:

1. 提前布置好投影仪,走到教室的远处,看看是否能清楚地阅读到信息。经常授课的教员会发现很少有理想的环境,因此课堂中的有些设施可能需要重新布置。
2. 设定投影仪位置时,应该保证你在使用它时能够面对听众。
3. 应该避免在屏幕前面走动。
4. 应该认真地准备授课材料,尽量让学员能够轻松地理解,提高学员的注意力。
5. 不要留下空白屏幕。明亮的光可能会使一些人不适。
6. 应避免频繁地开、关投影仪。
7. 运用动画时需要注意:虽然起先对有些人有效,但如果反复使用,就可能变得枯燥无味。

6.2.4 计算机(CBT 培训)

这或许也可以被看成是视觉辅助工具。就像在使用多媒体投影仪时一样,计算机也可以被看成是一种工具,例如在 CBT(基于计算机的培训)的情况下。

运用这种培训辅助设备时,学员可以与它们互动,可以按能满足他们要求的顺序进行深度地学习。当使用这种设备时，从教员的角度来看，很难看清学员在看什么，因为屏幕对着他们而不是你。有些教员让自己站在班级的后面，因此他们能看到所有的屏幕。这样做的缺点是他们看不到学员的面部，以及如果学员遇到困难有时候可能表现出来的肢体语言。

最佳的做法是，当他们在执行任务时，你应该四处走动，尽量走过每个人的身边。

使用计算机的优点：

1. 传递材料的成本低廉。
2. 对一些人能高度激发兴趣，如，娱乐游戏、音响效果等等。
3. 学员能制订自己的时间表，设定自己的速度，以适合他们自己的需要。
4. 在互联网上，学员可以从不同的站点同时参与学习。
5. 改变传统的师生比率，可以让许多专家指导一个学生。
6. 能设计成让学生探索一个主题而不是简单地寻求正确答案。
7. 只要能在一个地方设置一台计算机/工作站，那里就能成为一个“虚拟教室”。

缺点：

1. 最初的建设成本比较昂贵。
2. 学员可能必须学习软件和计算机应用。
3. 无法感受教室里那种社交气氛/参与性。
4. 由于经常将注意力集中在所要求的终端上，学员可能忽视一些重点。
5. 计算机可能分散人的注意力。华而不实的点缀可能把人引向错误的细节。

其他建议：

确保所有终端正常工作，并且要知道密码。

1. 要把休息纳入计划，不能老是盯着屏幕，至少每小时一次。
2. 为学习快的人提供其他的培训辅助工具、手册等等。因此当你在照顾较慢的学员时，他们不至于失去兴趣。

6.2.5　视频

如果具备以下条件，视频可能产生更加有效的学习效果：

1. 学员知道视频的内容与他们的教学问题相关，并意识到自己应该认真学习。
2. 学员清楚地知道他们观看视频的具体目的并且理解视频与他们自身研究领域的关系。
3. 学员事先知道他们应该从视频中学到的具体内容。
4. 学员明确：视频是一种学习经历而不只是一种娱乐或普通学习活动的转移。
5. 在上课开始之前就应熟悉设备（计算机及其他可能用到的工具）。

优点：

1. 提供信息的视觉和声音传输。通常要求很少的阅读技能。

2. 如果仔细地选择，一段视频可以成为一个培训项目的内容和过程问题方面的一种新颖的、提供信息的手段。

3. 在材料的设计和传递上提供多样性。

4. 视频可以提供很多乐趣。

缺点：

1. 好的视频不容易获得。

2. 没有互动。

3. 认为视频本身就把问题说清楚了，不用详细讨论其内在涵义。

4. 存在一种视频的观点占主导的认识倾向。许多视频可能倾向性太强，这完全是由制片人自己的主观倾向性决定的。

几点建议：

1. 为播放视频建立一个健康的气氛；对它做认真地介绍。

2. 预先向小组了解清楚，他们是否已经看过该视频。

3. 在视频学习后，开展一项活动，比如准备一系列问题在小组里进行讨论：

- 你看到视频的主要信息是什么？
- 视频还试图提出其他什么观点？
- 描述你对视频的整体感觉。

4. 提前设置好计算机等辅助设备，以便确定视频播放时的位置，随时准备播放。

5. 如果可能，与一名学员一起仔细地预览视频。这样除了你自己的反应之外，你还可以获得一些反馈。

6. 一段视频理想的长度应该是 15 至 20 分钟。如果超过这个长度，告诉他们并允许他们在观看之前进行休息。这样在播放期间，他们就不用再站起来（去卫生间或抽烟室）。

6.2.6 讲义/教材

讲义/教材是听众能够控制的视觉辅助工具。因此，使用一种能让你保持控制的方法来讲解材料内容就显得十分重要。你应该讲清楚，你期望你的听众如何使用你的讲义/教材。

你需要知道共有多少人参加培训，在培训前就为每位学员准备好讲义/教材。这样可以节省时间，减少混乱，并且留下一个处事有条不紊的印象。设法使你的讲义具有创造性。用于视觉辅助工具的基本规则也适用于讲义。它们必须有一个清楚的目标，并且有助于你表达口头上无法表达清楚的内容。

表 6-2-1　应用培训教材的基本原则

最新	这是最新的吗？如果只是因为它们是现成的可以获得的，那么，使用它们就没有意义——它们应该是与课题相关的。
描写清楚	它们被描写清楚了吗？有些讲义最好留给世界上爱因斯坦类型的学员去用——你应该警惕不要把学生吓跑。
易读	它们是否是易读的？有些复制来的东西可能会迫使学员成为解密的专家——你应该避免使用这类需要费力解读的内容。
合理安排	讲义是在一门课程开始时全部发给学生呢，还是在每讲到一个主题时分别发给学生？通常，在一门课程开始时把一大堆纸发给学生会使学生感到泄气。
可获得性	保证学员在合适的时间看到正确的讲义。当你在讲课的中间发现你把关键性的讲义放错了，那对你来说一定是很灰心的。
完整性	讲义是否是完整的？培训前应该进行正确地核对，保证学员获得的是完整的培训材料。

6.2.7　模型和实物

模型和实物仅限于在迷你小组里使用。好的模型和实物会是很昂贵的，复制的成本也很高，而且往往使用不便。模型要求讲课人持续地叙述才能把它说得生动，但这也意味着讲课人可以灵活发挥，可以为了适合听众而改变演说的内容。

当你分发实物、样品、讲义或其他作为视觉辅助工具的材料时，你会失去听众的注意力。此时，不要介绍新的重要的观点，而是利用这个时间，进行总结或描述正在被分发的实物。并且，在传递时使他们的观看时间保持在 15～20 秒钟。这样，当它被传递到最后一个人的时候，他们还没有忘记刚才说过的关于模型的话。当使用模型和实物时，应考虑以下几点：

1. 这些模型处在一个合适的位置吗？你应该不想让你的学生绊倒在模型上。你还应该记住，你可能想要你所有的学生围着一个模型——那么有足够的空间吗？

2. 模型是最新的吗？你可能经常会使用过时的模型，仅仅因为它们是现成的——这可能导致学生所学的东西已经不再适用。

3. 如果模型有工作部件，这些部件都可以操作吗？

4. 模型的刻度是否明显？模型的刻度常常不被标明——应该对此检查以避免误导学生。

5. 模型的关键点是否被清楚地标记，或它们能否被你有效地指出来？

6.2.8 黑板/白板

如果你遵照这些提示去做，黑板对小组和小班级来说是很好的视觉辅助工具：

1. 它是绿色的还是黑色的？如果使用彩色笔，这会有很大的差别。黄色通常显现得最好，其次是白色。

2. 它是否是丙烯酸酯的、瓷的或油漆的表面？不同类型的粉笔有不同类型的书写质量，这取决于黑板的表面。

3. 它是活动的还是固定的？这会影响到班级的排列方式。它也会限制你使用板书的量。如果它是活动的，有什么东西可以用来支撑它？

4. 黑板上写的东西怎么擦去？有些类型的黑板使用常规的粉擦不能很好地擦去。

5. 黑板的照明好吗？有些教室的照明几乎会使你的板书像处在黑暗之中。

6. 从教室的所有部位都能看清黑板吗？如果黑板太低，那些坐在后面的人就会看不到。如果黑板太高，安装在天花板上的物体就可能遮挡它。

7. 黑板有足够的空间来满足预期的板书要求吗？

8. 每次画或写的时间一定不能超过几秒钟；在你画的时候，避免讲话。当你想要解释你正在做的事，应先转过身来面对听众，然后再讲话。

9. 当你讲完黑板上的内容后，应立即擦干净黑板，并进入一个新的主题。老的画面将会分散听众的注意力。

10. 有足够的粉笔吗？它们总容易消失。同样问题也存在于粉擦或黑板刷。

6.2.9 墙壁挂图

1. 从教室的所有部位都能很轻松地看清这些挂图吗？

2. 字写得足够大吗，容易看清楚吗？

3. 墙壁挂图上的图或画清楚吗，直接吗？凌乱的插图比没有插图更加糟糕。

4. 墙壁挂图的照明好吗？尽量不要让学生处在黑暗中。还应尽量确保不要让挂图光滑的表面反射出刺眼的光。

5. 它们能容易地安装吗？

6.2.10　模拟/角色扮演

模拟是一种很好的培训方式，这种方式可以让学员模拟实施未来将要从事的工作，同时可以增加学员之间以及学员与设备间的互动。需要考虑的问题就是：要使模拟更加真实和恰如其分，成本很高。

对于模拟设备来讲，要让其与真实的工作环境更加接近需要昂贵的成本，同时需要经常维护和更新才能保证其功能。目前，计算机仿真科技及交互式录像技术，成为模拟培训上的一个突破。虽然成本很高，但是它仍有很大的潜力。如果能够为大批量学员运用，那么就可以降低设备使用的单位成本。这种培训通常的模式是：首先对学生说明背景情况，将学员置于一个有着变化的实时事件的环境中。学员必须找出问题所在，然后采取适当行动解决问题。不同于解决问题的练习和案例研究，他们的行动将导致具体情况的变化，因此他们必须持续地与变化的事件互动。模拟法庭辩护就是一种典型的模拟教学。一个法庭上，模拟一次刑事审讯，学生扮演辩护律师的角色，并且还要模仿检察官、目击证人和法官。这一练习象征性地持续，直到学生得出最后的结论：无罪或有罪，或时间用完。因为模仿接近于真实世界的表现，它也许是可以用于评估的最佳的练习种类。并且，因为模仿提供学生有关他们行动的直接反馈，它作为一种学习练习也会是很有用的——尽管在最初的尝试中失败的概率很高。与模仿相关的主要问题是，为建立可以真实反映现实的模型需要做出很大的努力。

这种教学媒体基于两个重要的前提：

1. 人们通过主动的经历可以比被动地听讲学习得更好；

2. 人们通过相互间的互动可以比单独学习效果更好。

在角色扮演中，扮演者自发地扮演分配给他们的脚本中的人物。与模拟培训相比，在这两个教学方法之间有着一些重要的区别。模拟主要关注的是情景的（刺激的）可变因素，而角色扮演主要关注的是反应的可变因素。模仿倾向于使用一个详细的脚本，不能将自己的主观想法任意地加入到其中，而角色扮演往往会受到现场其他人主观反应的影响。

在扮演角色以后，通过提出以下问题来对该练习进行总结：

1. 发生了什么？

2. 你学到了什么？你对别人有什么建议吗？

3. 这与真实世界是如何联系的？

4. 如果不是这样呢？

5. 然后呢？如果你面对同样的情况，你会做出不同的处理吗？

6.2.11 参考材料

很多材料可以为课程内容提供一些具体的参考信息：比如可以提供很多案例，作为课堂讨论的材料；比如课程内容偏理论化，而参考书则提供了很多该理论运用到实践中的例子，可以告诉学员应该如何应用所学到的理论；还有可能，一些比较性的图书会为学员传递一些新的理论、发展趋势和其他信息。

有相当数量的与培训相关的学报和杂志都倾向于发表实用性信息。这些杂志上典型的文章是由实践者所写，描述在一个实际培训中或组织背景下如何处理一个实际问题。文章也提供方法建议，在执行一个培训组织发展干预中应遵循的步骤清单；或提供该领域的问题、事件和新技术的新闻。建议教员在选择该类资料时要考虑：

1. 这些是最新的吗？如果仅仅因为它们是现成的，那么除非万不得已，千万别浪费金钱和精力！

2. 是不是应该把它们留给学员在课间休息时浏览或作为课后作业。

6.2.12 摄像机

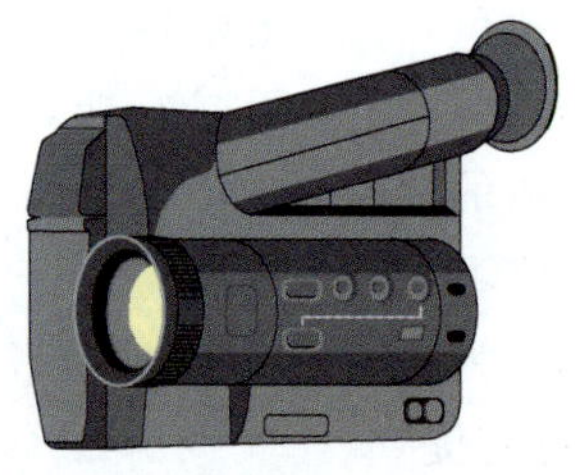

录像的出现已经对课堂培训产生了巨大的冲击。使用一台摄像机和播放设备，教员就能很容易地录下学员的行为。如果要为学员提供即时反馈，没有比这更好的方法了。现在由于摄像机体积小、容易运输、操作简便，已经在家庭中极大地普及，许多人都能够回家去看录像。而且，摄像设备的一般维护也比较简单。

摄像机也有几个缺点：你不能在录像带上书写；全套设备的价格可能比较昂贵；摄像机的使用会使有些学员感觉不舒服。

使用摄像机的一些基本规则：

1. 使自己熟悉设备的操作。

2. 摄像机放置在最佳的位置。

3. 摄像机的接线尽量放置在经过的人踢不到的地方。

4. 如果你计划录像，应该确保摄像机的存储空间足够大。

6.2.13　录音笔

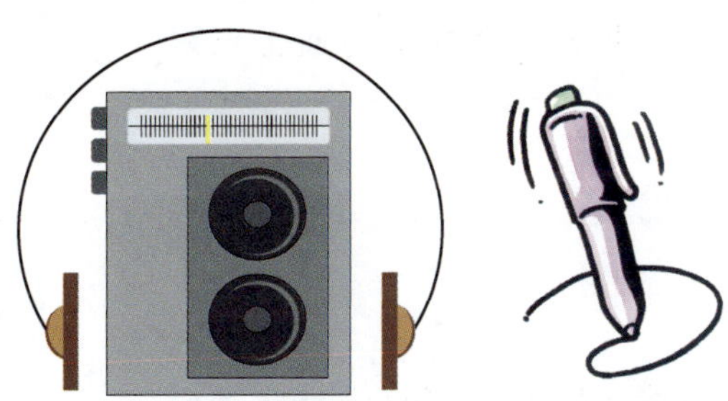

以前的培训使用录音机的比例很高，但是随着科技的进步，录音笔已经逐渐替代了需要更换磁带的录音机，成为新的培训辅助工具。录音笔体积小巧，携带方便，易于使用和维护。学员可以用它们来听听自己的录音，或用于练习讲课、准备演讲。与老式的录音机相比，录音笔不需要更换磁带，使用更加方便。

录音笔有几个缺点：一是新的内容有可能删除或覆盖掉你原先录在上面的东西；二是距离较远时，录音质量不佳；最重要的是比起其他培训辅助工具，它的功能相对单一。

使用录音笔的基本规则基本上与使用录像机的那些规则相同：

1. 在开始上课之前，练习使用录音笔。
2. 如果你计划录音，保证录音笔中有空间可以存储文件。
3. 录音笔在任何时候都可以使用。
4. 确认是否需要额外的电池。
5. 确定在什么范围内能获得较好地录音效果。

6.3　教室布置

房间内的座位排列可有许多种形式，这取决于设施的大小和形状、听众的规模和性质、报告的类型和方法，以及你想要你的听众成员参与的方式。以下是几种比较常规的座位安排形式以及每种形式必须要考虑的因素。这里建议每个学员应有的面积是基于一间长方形的、没有视觉阻碍的房间。如果有一些异常形状的柱子，或其他一些可能会影响视觉、听力或舒适度的东西，就应增加额外的裕度。并且，在计算房间的容量时，务必要让演讲者有4～10平方米的空间以及必需的演讲辅助器具。

听众席样式

（每人0.75平方米）适用于听众人数多、时间相对短（1个小时），听众不需要书写或使用参考资料的讲课。听众的参与通常仅限于问答环节。

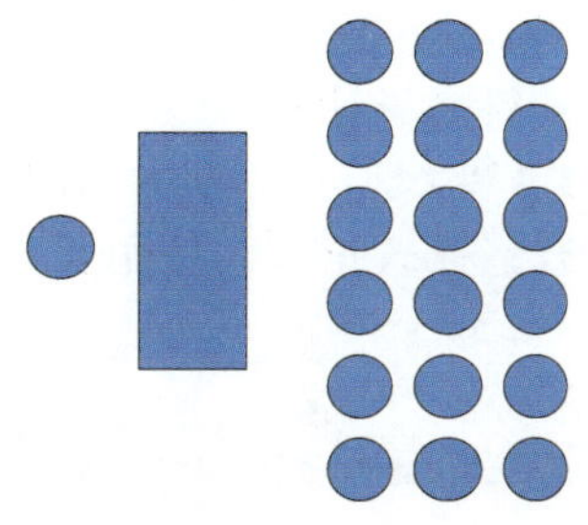

图 6-3-1　听众席样式

教室样式

（每人 1.5 平方米）适用于相对正式的场合，学员将需要书写或频繁使用参考资料。听众的参与通常仅限于问答环节。

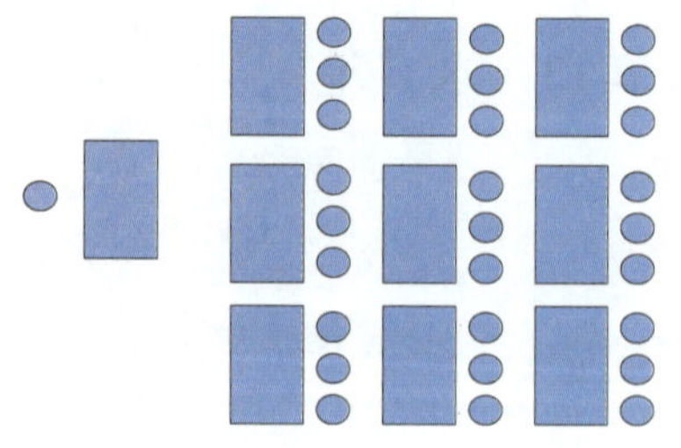

图 6-3-2 教室样式

非正式样式

（每人 1.5 至 1.8 平方米）适用于小组，学员将需要书写或频繁地使用参考资料，理想的做法是进行较多的讨论。

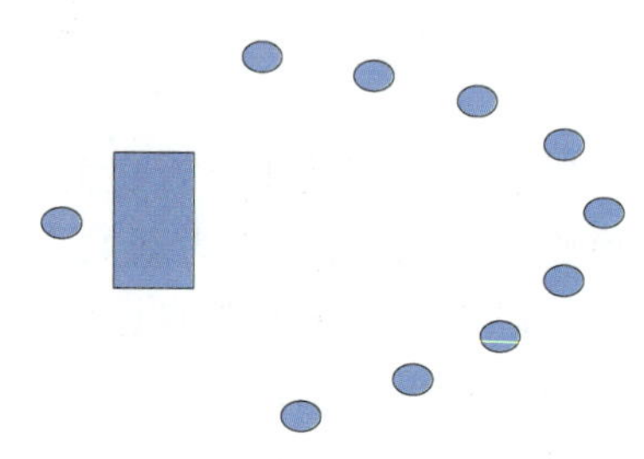

图 6-3-3 非正式样式

U 字形样式

（每人 1.8 平方米）适用于个人的眼睛要接触听众成员的场合，学员需要书写或使用参考资料，开放式，相对地非正式，用于讨论课最理想。

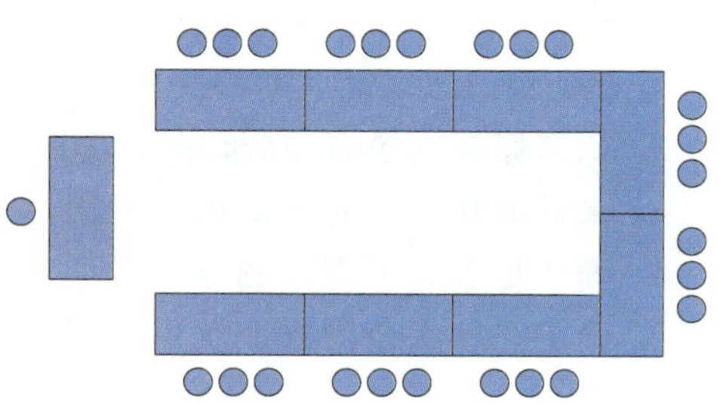

图 6-3-4 U 字形样式

圆桌样式

（每人 1.8 至 2.2 平方米）适用于希望讲课内容全部或部分地以小组讨论的方式完成。使用圆桌。

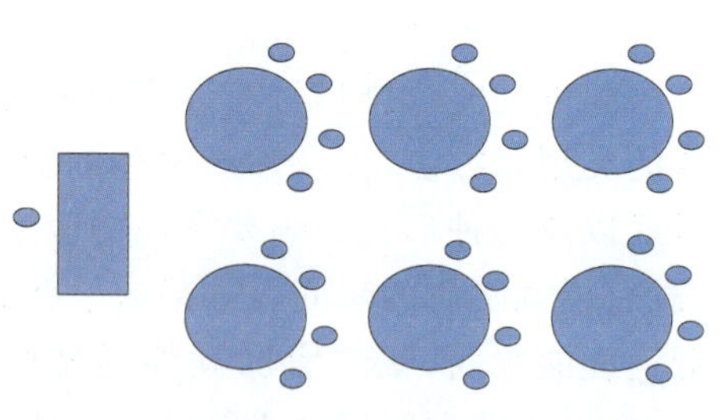

图 6-3-5 圆桌样式

鱼骨形样式

（每人 1.8 平方米）比圆桌样式更为正式，但远没有教室样式正式。使用长方桌。

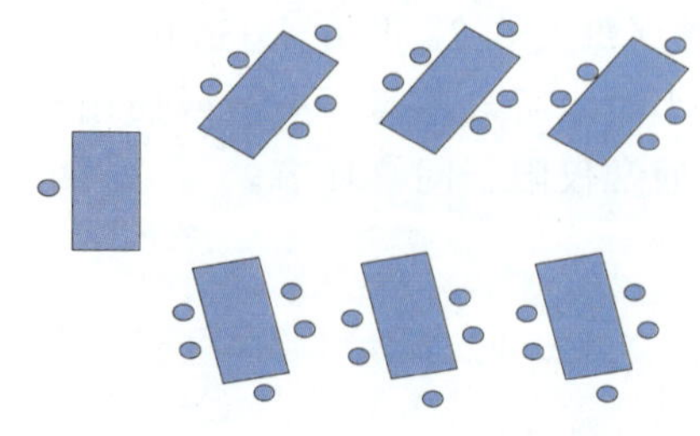

图 6-3-6 鱼骨形样式

除座位排列之外，在房间布置方面，你还应该关注其他一些事情：有没有足够的椅子和桌子？在房间里、窗户外或门外、相邻的房间里是否存在潜在的会让学员分心的东西？你能为消除或弥补它们做些什么？有没有足够的铅笔、草稿纸等等？有没有给听众中的每一位成员制作一张桌签，能使你叫出每个人的姓名以增加你整体交流的效果？当听众到达时或在培训期间，给听众提供咖啡、软饮料或水是理想的或实际的做法吗？你可以检查一下，确保在学员进入培训教室之前这些细节都已经考虑到了。

墨菲定律非常适合于应用在视听辅助工具的使用上。如果你已经预计到某种设施或工具有可能会出错的话，那么它多数会真的出错。为了帮助你摆脱这一定律的影响，本章节结束时提供了一份检查清单。使用这张清单，你可以做到有备无患。

正如共产儿童团歌唱的那样："时刻准备着"，一位演讲人在使用视听辅助工具时也必须有一个座右铭："时刻有一个备用计划"。那个备用计划往往取决于你。视听辅助工具能够成为美妙的设备，但是一定要做好万一设备出问题的心理准备，要相信自己不依靠任何设备也能上好一堂课。

6.4 视听检查清单

1. 我的视听辅助工具能增强我讲课的效果吗？
2. 我的视觉辅助工具是否：
- 清晰
- 简单
- 醒目
3. 它们能被听众中的每一位成员都看清和听清吗？
4. 将它们与我的演讲相结合的练习至少做了两遍了吗？
5. 它们被排序了吗？
6. 我已经考虑到额外的需要了吗，如：标记物或活动挂图？
7. 我已经有一个备用计划了吗？
8. 我能足够轻松地对着听众演讲而不是对着视觉辅助工具演讲吗？
9. 我有把听众的注意力引向每一个视觉辅助工具并引导他们清楚地听懂每一个观点的方法吗？
10. 我是否已经准备好用我自己丰富多彩的语言来解释每一步骤而不是一字不差地朗读视觉辅助工具上的解释？
11. 如果我使用幻灯片并要把房间变暗，我已经多次练习我的各种声音变化了吗？
12. 如果我使用讲义，我已经清点它们了吗？已经充分准备好发放的顺序了吗？
13. 为避免失去听众的注意力，我已经仔细地设定了所有实物或模型的发放时间了吗？

第七章　课程计划

7.1　培训目标的使用

关于培训目标，新教员经常会问的问题是："为什么要费力地编写它们?"有经验的教员不会问这个问题，因为他们已经了解到培训目标的价值。使用培训目标的一些较重要的理由包括：

- 教员知道他/她试图做什么，而学员确切地知道他们被期待学习什么。
- 它们提供一个中心点，一种方向感。
- 它们是对学员表现进行评估的依据。
- 它们提供了一种进行有效计划的手段。
- 它们可向其他人员展示：课程有何内容，如何对学习行为和学习成果进行评估。
- 它们为课程提供一个整体的、系统的路线图。
- 它们描述了条件、行为和绩效标准，并对课程内容作简明扼要地描述。

培训目标是对学员在课程/培训结束后能做到的事情所做的一种清晰地描述。

好的培训目标将提供你学习的方向和重点。

一个好的培训目标应该：

1. 措辞清晰。

2. 把重点放在学员将做的事情上。

3. 明确学习的时间框架或其他的特殊条件。

4. 确定必要的绩效标准。设计良好的培训目标对教员和学员都有帮助。当你在旅途中确定了自己的目的地时，你就能随时确定是否已经到达或者何时能够到达该目的地了。

在各种类型的培训中，坚持使用培训目标就会取得更好的学习成就。因此，利用它们，培训就必定取得成功！

7.1.1　培训目标的组成

一个培训目标由三个部分组成：

条件

这代表完成一项任务的限制或特殊情形。在这些限制和情形下，所描述的行为将得到展现，或者说什么时候该行为将被履行。一些条件列举如下：

1. 发现一个没有脉搏、失去知觉的人时。

2. 在系统运行状态下接到改变的指令。

3. 给你发电机的示意图。

4. 在恶劣的天气下，给你专用鞋和安全带。

行为

行为表现确定学员被期待展示的具体可观察的、可证实的、可衡量的、可定量的行动或反应，即，期待个人要做的事。一些动词以黑体字举例如下：

1. 施行心肺复苏术。

2. 核实电动阀扭矩限位开关是否被设置在规定的推力上。

3. 标记一台主发电机的零部件。

4. 攀登一根 9 米高的木杆。

标准

标准指确定要求做到的最基本的行为表现并确定学员履行所述行为做得有多好。对一些标准举例如下：

1. 直至脉搏恢复。

2. 为了不产生最大压差、温差和流量，需要打开和关闭。

3. 10 个主要零部件均要得到确认。

4. 在 60 秒钟之内。

7.1.2 描述良好的培训目标

我们刚刚讨论了一个培训目标的组成部分并给出了每一部分的例子。当所有对应的部分都结合在一个句子时，它就构成一个完整的目标。

看看下面两个例子：

1. 在发现一个失去知觉、没有脉搏的人时，施行心肺复苏术，直到脉搏恢复。

2. 使用一个批准的维修程序，核实电动阀门的扭矩限位开关已设置在规定的推力上以在最大压差、温差和流量时打开阀门。

7.1.3 培训目标的描述格式

许多学者在培训目标的格式上提出了建议，但下面的例子是由最有影响的两位学者 Robert. F. Mager 和 Norman. E. Gronlund 对此课题提出的建议。

Mager 的建议

一个目标是对表现、行为、感觉和/或态度的描述。当编写 Mager 样式的目标时，应遵守这些建议：

1. 描述你要学员完成的任务，并说明你知道他们在执行。

2. 在你的描述里，要确定和命名可以表明成就的行为动作，定义出现该行为的条件，陈述可接受的结果标准。

3. 为每一种学习行为写一个独立的目标。

以下是 Mager 推荐的目标样式的一些例子：

1. 在三分钟内正确地运算至少七个包含 3 个两位数数字的加法题。

2. 正确回答阅读理解系列小册子第 16 册故事书最后一页五个问题中至少四个问题。

3. 在给予的十种树的图片中，正确辨认出至少八种是落叶树还是常青树。

4. 对上星期发放的词汇表上的词汇，正确地拼写出至少 90 %。

5. 给一台电传打字机，能设置并在两分钟内打一封商业函件。

注：可接受的绩效标准可以陈述为时间限制、正确反应的最小数量或正确反应的一个比例。

Mager 的建议在他的书《制定培训目标》(1962)发表后立即得到了广泛的认同;但后来,普遍认为他推荐的目标描述的具体格式在要求学生从事实性信息或从简单的技能中获取知识时最有用。

Gronlund 的建议

Gronlund 认为,对更复杂和更高级的学习使用不同类型的目标更加合适(1985)。Gronlund 建议,应先陈述一个总体目标然后列出具体学习结果的例子。他建议采用如下程序:

1. 审查学习的内容,参照如包括在三张分类表 7-1-1 至 7-1-5 里的那些项目。使用这样的清单制定教学总体目标,描述表明学生已经学会后应该展示的行为类型。

2. 在每一个总体培训目标之下,列出五个以行为动词开头的具体的学习结果并指出具体的、可观察的反应。这几组具体的学习结果应该提供当学生达到了该总体目标时应该能够做的事情的代表性例子。

例如,如果你教的是一门教育心理学课程并且你想写一份 Gronlund 样式的培训目标,具体指定要了解皮亚格特(Piaget)的认知发展理论的四个阶段,那么,可以这样来写:

1. 学生将了解皮亚格特 Piaget 的认知发展四个阶段的特征。

2. 用他们自己的语言描述学生在每个阶段能够和不能够进行的思维的类型。

3. 预言不同年龄的学生的行为。

4. 解释为什么某些教学方法对不同年龄的学生会成功或不会成功。

另一方面,如果你想用 Mager 样式的目标来描述同样的结果,它可以这样来写:

1. 给出一份 Piaget 的认知发展四个阶段的每一阶段的名称的清单,学生将在 20 分钟内用他们自己的语言描述学生在每个阶段应该能够和不能够解决的两个问题。

2. 给出一份幼儿园学生的录像带,提出了容量守恒问题,学生将预言 90 %的幼儿园学生的反应。

3. 给出一份五年级学生的录像带,提出一个班级参与问题,学生将预言 90 %的五年级学生的反应。

4. 给出教学课程的八种描述,对皮亚格特四个阶段的每个阶段的两个描述,学生将能够解释在每一种情况下为什么课程会成功或不会成功。

通过以上的对比,我们可以很清楚地看出两者的主要差别:Mager 样式比 Gronlund 样式更加关注标准。但是有时候按照这样的格式来描写就显得太冗长,让人迷惑。

7.1.4 培训目标的类型

培训目标一般涉及三个领域:认知领域、实用技能领域以及情感领域。在各个领域中,培训目标还要根据不同的层次确定绩效要求,而层次的划分一般按照简单到复杂的顺序排列。

1956 年,本杰明·布卢姆和他的同事为认知领域制定了层次顺序。从那以后,还有其他的教育心理学家补充、扩展或修正了这些层次顺序,但仍然以原来的理论为基础。下面就每个领域的培训目标进行简要地说明。

7.1.4.1 认知领域培训目标

这些目标是为充分执行一件工作所必要的知识和理解力。认知目标主要关注你理解得多好或多深(如阐述、解释、列出,等等)。

表 7-1-1 认知目标分类

布卢姆分类的层次	课程：化学 课题：气体定律	课程：电气基础 课题：连接一个三向开关
知识： 回忆具体信息。	定义压力。	列出连接一个三向开关所需要的工具。
理解： 理解的最低层次。	描述压力和体积之间的关系。	解释用于连接一个开关的三根电线的每一根的用途。
应用： 一个规律或原理的应用。	如果你有一个完全充满气的篮球并再充入更多的空气，那会对球内的压力产生什么影响？	画一张把一个三向开关连接到一条现有线路上的示意图。
分析： 把一种思想细分成若干组成部分并描述它们的关系。	解释为什么一个汽车轮胎在高速行驶若干公里后不会出现瘪胎的现象。	确定把一个三向开关连接到一个接线盒所需要的工具和长度。
综合： 把部件整合在一起构成一个新的整体。	如果你把一种气体的绝对温度翻一番并再将该气体的压力翻一番，对体积会产生什么影响？	制订一个计划，将一个食堂的枝形吊灯的单向开关改换成一个三向开关。
评估： 对材料和方法做出判断。	你站在一个温度高达 150 ℃的蒸汽容器前和一个温度高达 150 ℃的氧气容器前，根据气体定律哪一种更可能会做出反应？	给出一张现有的食堂的照明的双向开关示意图，确定能否把它改换成三向开关。

表 7-1-2 认知领域目标的动词列表

知识/理解			应　用		分析/综合/评估		
安排	排序	指示	应用	说明	分析	解释	设计
引用	概述	标记	收集	推断	论述	制定	图解
分类	意译	清单	计算	解释	安排	产生	差异
转换	引用	定位	改变	操纵	组装	说明	分辨
定义	回忆	匹配	选择	修改	评价	推断	区分
描述	背诵	配对	运算	操作	分类	检查	估计
讨论	记录	命名	辩护	实践	选择	解释	评估
区分	关联	总结	演示	预言	结合	判断	考试
复制	再生产	叙述	发现	准备	比较	说明	实验
解释	重复	翻译	起草	生产	构成	管理	比率
表达	报告	强调	演戏	关联	结论	控制	相关
延伸	反应	重写	画画	制定时间表	建造	修改	承认
给予	重申	明确	雇用	选择	对照	组织	得分
举例	复习	确定	估计	显示	转换	起源	选择
			解释	概述	创造	计划	解决

续表

知识/理解			应　用		分析/综合/评估		
			延伸	使用	批评	预言	支持
					辩论	准备	测试
					提议	提问	

7.1.4.2 实用技能领域培训目标

技能培训目标定义在执行任务时的物理行为。“动手”类型的活动将归入这一类别。它们包含要求骨骼肌使用和协调的技能。技能目标主要用于在职培训、实验室、车间和基于模拟机的培训。技能类培训目标的标准可以根据规程、任务分析和对技术专家的(SME)绩效的分析来制定。在第八章中将会详细介绍该类目标的授课技巧。

虽然在技能领域还没有被普遍接受的分类,海因尼奇、穆伦达和拉塞尔(1993)提出了一种通用的、基础的分类。为执行一个任务所需要的多数活动都可以从这个分类中获得。(参见表 7-1-3)

表 7-1-3　技能目标分类

层次	描　述	举　例
模仿	演示一种观察到的行为。	在观看钻埋头孔的录像带以后,为木螺丝钻一个埋头孔。
操作	执行一个行为。	在小块木头上练习以后,钻一个将两块木头连接起来的孔,获得行为清单上 10 分中的 8 分。
精确度	精确地执行一个行为。	你应该接住击向你的位置的 75 %的地滚球。
融合	以有效和协作的方式执行一个协作行为。	在一场网球比赛期间,你应该根据发球的要求适当地发一个反手上旋球。

表 7-1-4　技能领域培训目标动词列表

模仿/操作		精确度		融　合	
完成	压	激活	负载	改编	安装
演示	拉	调整	设置	结合	产生
区分	推	组装	放松	构成	说明
听	看	建立	控制	建造	修正
确定	选择	校正	测量	转换	组织
设置	设定	关	开	创造	计划
控制	显示	建设	操作	设计	修理
移动	整理	复制	执行	设计	服务
捡起	明确	演示	拆除	图解	
指向	接触	拆卸	替换		

续表

模仿/操作		精确度		融　合	
实践	运输	断开	旋转		
		画画	选择		
		复制	设定		
		执行	滑动		

7.1.4.3　情感领域培训目标

培训目标的第三类是情感领域，它涉及的目标与态度、情感和价值观等有关。这一领域在教育和培训中非常重要，但又是我们能够做的最少的一个领域，特别是在制定有用的培训目标方面。情感领域的培训目标一般无法直接衡量，但是通过学员的各种行为得到反应。表7-1-5给出了这一领域培训目标常用的动词，一般可以从这些行为中观察到学员的态度、价值观等。同时也给出了不能使用的动词，这些动词是从情感本身出发，不具备培训目标可衡量的特点，因此不建议使用。

表7-1-5　情感领域培训目标动词列表

接　受		反应/价值		组织/价值综合	
接受	定位	遵守	开始	行动	整合
积累	命名	确定	邀请	适应	调解
提问	指向	同意	参与	改变	组织
意识	响应	支持	证明	辩护	修改
描述	选择	选择	执行	展演	解决
遵照	使用	表扬	实践	影响	验证
给予		完成	提议		
确定		符合	选择		
倾听		确认	分享		
		描述	研究		
		讨论	赞成		
		遵照	工作		
		构成			

不要使用	
欣赏	对……发展一种理解/欣赏
更加有效地处理	意识到……
理解	熟悉……
了解	创造一种意识……
对……有感情	对……有知识

在编制教学计划时，应尽量考虑这三个领域并认识到它们在以下两个方面相关联：

首先，一个单一的主要的目标可能涉及两个或三个领域的学习。如当一名技术员学习把化学品混合在一起时，首先他/她要掌握不同化学品的属性以及和它们之间关系的知识，还必须获得进行混合操作的技能。在这些知识中，我们还可能要求该技术员在混合的过程中要干净利落，并关注安全。

其次，要成功地在某一领域进行学习，首先要有端正的学习态度。学员只有被激发兴趣，才有可能有效地钻研新的课题。

7.1.5 培训目标检查清单

见表 7-1-6。

表 7-1-6 检查清单

检 查 项 目	是	否
你的培训目标把学生在教学课程结束时必须做到的事情阐述清楚了吗？	□	□
你的培训目标对学生学会执行指定任务所需要的时间量阐述清楚了吗？	□	□
你的培训目标对学生在执行任务中必须达到的标准详细说明了吗？（例如，时间限制、质量、方法，等等）	□	□
你的培训目标指明了何时要求学生执行任务吗？	□	□
你的培训目标详细说明了学生在执行任务时将要使用的设备（如有的话）了吗？	□	□

7.2 课程计划

7.2.1 学习循环

在第三章中，发展心理学家 David Kolb 提出了成人学员的四种学习方式。他也建议我们把成人学习看成是一种经历过程，学习是一个分四个阶段的循环过程。如图 7-2-1 所示。

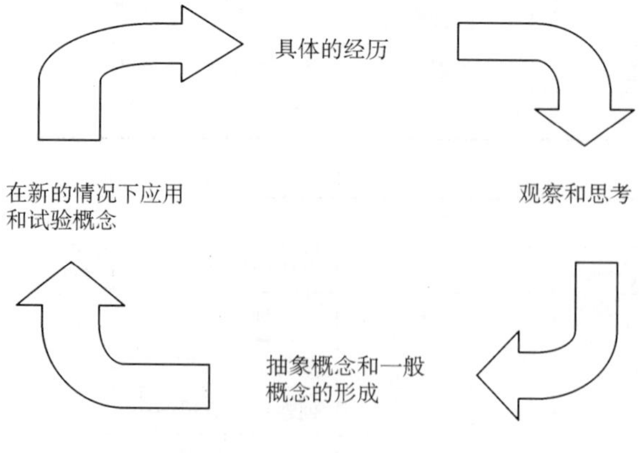

图 7-2-1 学习循环四阶段图

为了达到充分有效，学员必须开发四种相互关联的能力。教师的工作是提供条件，使学员能够做到：

- 完全投入一种经历。
- 从多个角度观察和思考这次经历。
- 创造概念去把这些观察整合进逻辑合理的理论。
- 运用这些理论做出决定和解决问题。

为了说明 Kolb 的模型，让我们通过一个项目的不同阶段看一名学习犯罪学课程的非全日制学生的例子。

具体经历

作为她的任务，她安排自己度过一个无家可归者"一天的生活"。在这次经历中，她坚持写书面日记，用录音采访街上的行人，并且把自己的印象用铅笔很快地素描下来。

观察和思考

第二天早上，她利用老师提供的思考题复习了她的笔记。（发生了什么？描述能说明街头流浪者的生活的五个具体事件。让你感到最大的吃惊是什么？当你回到家——回到自己的床上时，你有什么感想？）

概念化和一般性概念

她后来与一个有相似经历的同学组成的支持小组会合在一起。利用一份事先在课堂上设计好的总结清单，交流了他们的经历并开始在他们的实习经历和理论材料之间建立联系。（你的经历是如何支持或抵触你的犯罪和贫穷的概念的？根据你的经历，民事当局对你观察的人群的需求了解到何种程度，提供了多少帮助？）

在新的情况下应用和检验概念

在随后的一次实地采访中，她约见了一名城市社工。在了解了人员配备和预算紧张的情况后，她带着要体验一次新的经历的想法去见她的老师。她想探索关于几个街头流浪者成立一个自助小组的可能性。老师指出了这一课题的相关文献并建议该学生与城市中心区的有经验的街道工作者和一个特别警察小分队的成员见面。

从而一个新的具体经历开始了……也就重新开始了一个循环。

但是这种循环不会结束，它能够给学员提供一种学习方法，帮助学员在一个学习领域之内不断进步。Kolb 的这种学习循环的概念，应该引起教员的关注，可以体现在课程计划的编制中。

7.2.2　课程计划

"If you are not sure where you are going, how will you know how to get there."

"如果你没有确定你要去哪儿，你怎么知道你该如何到达那里。"

R. Mager

课程计划一般分课堂培训课程计划、岗位培训课程计划、车间/实验室培训课程计划以及模拟机练习课程计划等。下面主要以岗位培训的课程计划为主，其他培训方式下的课程计划均可参照执行。

注：学员手册是课程计划的补充材料，其目的是协助学员学习。与它支持的课程计划一样，一旦得到批准，它就成为培训控制文件。学员使用手册进行学习和准备考试。学员手册

的内容可以包括对设备、部件、系统、技术和管理程序的描述，也可以包括图纸、图表、流程图、表格、检查清单等。

开发课程计划需要注意以下几点说明：

- 根据培训目标开发课程计划。
- 课程计划是设计阶段编写的培训开发计划中课程概述的详细扩充。
- 课程计划是基本的质量控制手段，保证培训讲课时对于不同的教员和不同的学员，授课是一致的。因此，需要开发标准化的课程计划模板。
- 课程计划是教员指导学习过程的主要工具。
- 课程计划阐明培训所需要的培训目标、培训内容、学习活动、培训设备和培训材料，并提供使用指导。

课程计划的详细程度可以根据实际情况决定，但是必须保证其基本信息的完整，至少应包括的信息：

- 时间(包括课程的总体时间以及完成每个培训目标需要的时间)。
- 培训目标或者参考资料。
- 教员的活动(如教学内容、关键点、提问或是演示等)和使用的方法。
- 培训辅助工具(例如，投影仪的数量、活动白板的数量以及录像名称等等)。
- 学生的活动(例如，聆听、反应、完成的任务数量等等)。

编制课程计划也要遵照一定的步骤进行：

1. 确定培训目标。
2. 为课程各阶段准备技术课程内容。
3. 编写介绍。
4. 编写结论。
5. 选择和准备视觉辅助工具。
6. 完成学员活动一栏。
7. 试讲以确定时间安排。
8. 完成时间一栏。
9. 如有必要，重新调整课程长度。

7.2.2.1 基本结构

提示：一些较长的课程计划包括一个目录或者一个索引，以便快速地锁定讲课特定的主题或内容在课程计划上的页码。

课程计划应包括下列部分：封面和文件控制页、概述页、培训目标页、陈述页。

下面以岗位课程计划为例，介绍各个部分的主要内容。

封面页，包括课程计划名称、编号、版本、编校审批人员姓名、岗位和签名；

版本说明页，包括目前版本的编制修订情况；

课程计划概要页，长度一般为1～2页。包括以下内容：

- 课程时间
- 培训方式
- 授课资料以及参考材料
- 培训工具和设备

- 课程简介部分
- 课程介绍部分
- 课程部分
- 学员入学水平要求
- 限制条件
- 对教员的指导建议

培训目标页，包括最终目标以及分解目标：

• 培训目标页应列出培训的最终目标和培训期间的所有分解目标。分解目标应按照逻辑顺序组织。首先是基本目标，较为复杂的目标建立在基本目标之上。对于岗位培训的培训分解目标来说，分解目标包括知识背景或原理以及具体的操作步骤两部分组成。

注：培训明显适用于两个或两个以上工作岗位的培训目标时，应在培训目标页上标明适合的岗位。教员应针对不同岗位确定所需的培训目标，以节约资源。这样的做法减少了对同一目标和培训主题讲课时不同版本的需求。

培训内容陈述页，包括介绍、讲解、示范、监督下实践以及总结五个主要部分，各部分的具体内容有如下要求：

1. 介绍部分。介绍提供了给学员的开场白。开场白内容包括教员的自我介绍、培训安排、培训目的、期待的结果、测试要求，还应包括学员应掌握的最终和分解目标。在介绍期间，其他对教员有益的也应包含在本节中，包括：

- 上课开始和结束时间、课间休息时间、课间休息地点、中午休息时间、卫生间地点、应急出口/应急行动、电话等。
- 培训行为准则(纪律)。
- 介绍培训材料及用途。
- 审查工具、服装、设备和其他所需的物件。
- 适当的安全说明和注意事项。
- 对科目测试要求的解释。

2. 讲解部分。讲解部分是材料的主体部分。此部分的培训分解目标与前面培训目标页中知识背景部分的培训分解目标的一一对应，并要求一一列出。对于每一个分解目标，应按照培训九阶段模型来组织描述，应明确说明每个阶段的主题和用来涉及教学要点的培训方法，以保证学员达到培训目标的要求。九阶段模型具体体现在每一个分解培训目标中的表现是：主要内容、关键点、强调部分、注意事项、教学方式以及反馈学员掌握情况。还应在课程计划中提及用于课程计划的音频、视频材料和/或培训辅助手段(包括 Power Point 介绍、数据表格等)。

3. 示范部分。适用于岗位培训、车间实验室以及模拟机培训。此部分的培训分解目标与前面培训目标页中操作步骤部分的培训分解目标的一一对应，应明确说明每个阶段的主题和用来涉及教学要点的培训方法，以保证学员达到培训目标的要求。

4. 监督下实践。适用于岗位培训、车间实验室以及模拟机培训。包括实践的内容、实践方式以及注意事项。

5. 总结部分。

- 总结所学过的知识。

- 回顾最终目标(以及分解目标,如果可行的话)。
- 讨论培训学员如何把学习的内容应用到实际的岗位工作中。
- 解答遗留问题。
- 评估培训学员的表现(即:进行考试)。
- 最后的总结。通常是告诉学员什么时候可以知道考试成绩,也可以说明一下所使用的培训文件和规程。许多教员会提供联系地址或者电话号码,以便在培训学员有疑问或困难时可以联系到他们。同时为将来可能进行的培训提前做好准备也是非常有益的,这项将来的培训将会建立在对此课程掌握的基础上。

课堂培训课程计划的模板,参照此模板,只是在陈述页时,只包括介绍部分、讲解部分、总结部分以及绩效测评。没有示范部分以及监督下实践部分。

7.2.2.2 总体课程计划

如岗位绩效考核、培训目标以及试题库一样,课程计划是培训文件的一个基本组成部分。课程计划的审批和存档流程会随着培训的不同而不同。应该制订经过批准的总体课程计划,个体教员可以根据总体计划准备自己个性化的演讲格式,同时保留总体计划的所有主要要素。总体课程计划应保留足够的详情和指导内容,以充分支持以前没有讲过此课的教员。

7.2.2.3 开展培训项目的试讲

试讲是对课程计划进行评价的最简单和适用的方法,可以在正式授课之前对其进行改进。课程试讲的听众通常包括:

- 有代表性的学员
- 分析阶段确定的培训负责人
- 将来要进行培训的教员
- 其他资深教员
- 其他培训管理人员

在试讲过程中,教员要在指定的时间期限里完成培训内容,同时还应控制培训中的讨论、学员提问等环节的时间。培训管理人员将会记录时间、讨论的内容、脱离主题的情况、错误以及需要特别关注的其他任何事情。所有的听众通过观察,将会提交一份评价信息,为试讲提出中肯的意见和建议。

试讲还可以邀请一位技术专家或者让几位技术专家在试讲前对培训资料进行审查。

试讲主要有以下目的:

- 确认培训材料有效可用
- 验证培训材料的正确性(特别是时间安排)
- 确认培训材料在技术方面的准确性
- 评价培训的学习效果
- 获得学员对培训效果的评估
- 获得最终批准

试讲要注意以下几个细节:

主持试讲应按照会议的方式而不是培训的方式。制订一个议程表说明你希望完成什么内容以及时间限制。一个典型的试讲包括以下：

- 为什么需要进行培训
- 开发的过程
- 如何评估培训的效果
- 试讲的议程安排
- 试讲的角色安排
- 课程的试讲(按照通常使用的方式进行)
- 试讲后的讨论

确保每个人都明确自己的角色。让他们注意自己要关注的地方(而不是其他人的)。参加试讲的学员只是有代表性的普通学员(不是专家,亦不是笨蛋)。每个人只需代表自己所属的群体,正如客户是代表了其公司的需要。教员需要确保他们能够按照培训材料完成培训任务。如果有人脱离了其角色,要求角色扮演正确的其他人员对此发表他们的看法。

记录学员遇到的问题。这些问题可能会重复出现,所以预想这些问题或在培训材料中列出它们。

考虑设计专门的评估表,以获得更多的反馈意见。

到此阶段你已经付出了巨大的努力。这可能是对整个项目的第一次公开检查。如果你已经干得非常漂亮,那么此工作看起来会非常简单。但是,即使你做得很出色,仍然建议你进行更好地改进！千万不要拒人于千里之外！

培训管理人员需要将所有的意见和建议整理出来,且反馈给教员和其他相关人员。

在试讲和真正实施之间留出足够的时间,以便修正试讲期间发现的问题。

对于更复杂的培训项目,试运行可能要由许多内容组成,包括几种课程的试讲策略、对岗位工作影响的评估,以及具体的实施计划和对现有岗位人员的追补培训项目规划。

一个好的课程计划帮助你保证实现你的培训目标。然而,因为每一组学员都将对培训方式产生影响,你必须根据实际情况不断地调整课程计划。

课程计划中为每个目标设定的时间只能够作为一个参考。比如在上课过程中开展一个主题的讨论,全体学员参与的积极性都很高,而且讨论的内容有助于目标的达成,那么就不能在讨论过程中说这样的话:“我们讨论这一主题的时间到了,让我们进入下一个主题。”这种情况下,很可能学员不会那么情愿地参加接下来的小组讨论。

好的课程计划必须是灵活的,适合教员实际使用的。一名教员所使用的方法可能不适合于另一名教员。只要能实现目标,可以将不同的方法都列在课程计划中供教员选择使用。

学员的活动也应该列出以保证教员的行动可以让学员产生学习行为。为了获得所要求的活动/反应,一些步骤或信息可以重复。

课程计划很像是一幅蓝图。它告诉教员该做什么和怎么做。下述指导原则告诉你如何准备一个课程计划。

7.2.2.4 时间安排

一堂课的时间分配大致如下：

介绍:10 %～15 %

课程主体:70 %～80 %

结论:10 %～15 %

时间一栏可以使教员监测自己在执行课程计划中的进度。据此，教员可以调整讲课的进度以符合最终的整体讲课时间。当准备课程计划时，应该至少在课程的3个部分设计一定的环节来弥补前一阶段时间安排上的漏洞。

对一个课程计划准确的时间估计通常可以通过试讲实现。在试讲以后，你发现如果一堂课不超过60分钟就没有足够的时间讲述课程材料，那么取出一个课程阶段，把它插入到下一堂课里。这要比试图把你的课程挤入60分钟要好得多。

7.2.2.5 培训方法

以下整理出一个可以帮助成人进行学习的技术方法类型清单：

1. 授课方法

讲座	演示	浏览
辩论	小组讨论/访谈	戏剧
研讨	电影	

2. 听众参与方式(大型会议)

问答时间	圆桌小组	听众角色扮演
座谈会		

3. 讨论方式

引导式讨论	以小组为中心的讨论	案例讨论
基于书本的讨论	问题解决讨论	

4. 模仿方式

角色扮演	组内练习	行为迷宫
关键事件过程	游戏	参与性案例

7.2.2.6 把教学技巧与理想的行为结果相匹配

表 7-2-1 授课方式的选择

行为结果的类型	最合适的方式
知识:有关经历的一般性概念;信息的内在化。	讲座、电视、辩论对话、访谈、研讨会、小组讨论、小组访谈、电影、幻灯片、录音、基于书本的讨论、阅读。
理解力:信息和一般性概念的应用。	听众参与、演示、电影、戏剧化、问答式讨论、解决问题讨论、案例讨论、批评事例过程、案例方法、游戏。

续表

行为结果的类型	最合适的方式
技能：通过实践对新方法进行整合。	角色扮演、组内练习、变换角色、动作游戏、参与性案例、非言语练习、技能实践练习、演练、教练。
态度：通过新的态度比老的态度经历了更大的成功后采用新的情感。	经历分享讨论、以小组为中心的讨论、角色扮演、关键事件过程、案例方法、游戏、参与式案例、非言语练习。
价值：信念的采用和最优化排列。	电视、讲座（说教），辩论、对话、研讨会、会话、电影、戏剧化、引导性讨论、经历分享讨论、角色扮演、关键事件过程、游戏、T-小组。
兴趣：满足参加新活动的要求。	电视、演示、电影、幻灯片、戏剧化、经历分享讨论、展示品、游历、非言语练习。

7.2.2.7　选择合适的培训方式

1. 它是否反映由培训目标和课题/任务所规定的那种行为？
2. 你是否有足够的时间开发它？
3. 你是否有充足的时间有效地实施它？
4. 设计和实施该方式的时间和努力是否与学习该课题/任务的重要性/关键性相一致？
5. 该方式是否能够验证已经达到了你的培训目标？
6. 两种或多种媒介物能否被结合起来去实现培训目标？

第八章　实用技能

8.1　概　述

技能的定义有很多，通常的解释是：为了实现某种绩效而进行的协调的智力和/或体力活动。另外的阐述方式还有很多，如：

- 执行一项任务的能力，区别于掌握完成该项任务所需的知识；
- 一种实践能力或行为上的变化，是培训和/或相关经历的直接结果；
- 专家认为履行一项任务并达到合格标准的一种能力；
- 一项以理论和知识为指导的复杂的实践活动。

以上定义并不完全一致，但它们都说明了一个大原则：所谓的"技能"，指的一定是一种活动技能，从简单的基本操作到高度复杂的操作。然而，"活动技能"的使用很少独立于其他技能。大多数技能都是活动技能、认知技能和感知技能之间的一种平衡。开设一门技能课程时，尤其是那种需要给予评价的课程，教员或直接主管人员必须知道这些领域的要求，并保证这些要求能够反映在技能课程中。可以用评价表列出各个步骤的标准，确定完成该项技能应该掌握的理论和实践的关键点。

研究指出，复杂的运动技能可以从以下主要阶段中获得：

认知——在这一阶段，学员理解技能的基本要素。这个阶段更多强调技能的思维方面。

实践——这是真正通过实践掌握技能的阶段。实践一般是指在认知的基础上开始进行相关操作。一般教员要先演示该项技能，而后学员在教员的监督下进行相关操作。

完成——在这一阶段，要让学员自主完成该项技能。学员的操作需要达到合格的标准。教员应该关注学员操作的节奏、速度以及培训成本方面的因素。

教授一项技能有四个主要阶段：

1. 准备——编写培训目标和课程计划
2. 演示——教员在学员面前完成需要教授的任务
3. 实践——在学员操作时，教员要进行观察和指导
4. 总结/成绩评估——对学员的实践进行评价

8.2　教员的准备工作

在准备一门技能课程时，确保要有可作为教学基础的具体培训目标。

8.2.1　技能培训目标

技能目标用于在岗培训、实验室、车间和基于模拟机的培训，比如焊接、机加工、某一运行程序、对一台传输机进行校正、钎焊等。技能类培训目标的标准可以根据规程、任务分析数据和技术专家的分析结论来制定。

举例:要求通过演示、练习和反馈,正确使用操作机器 X,遵循安全规定,不准参考教学材料;在一小时内生产 100 个产品,缺陷不得超过 5 %,技术和质量审查工作由生产部门承担。

技能培训目标包括以下的行为层次:

1. 观察
2. 演练
3. 执行

观察

技能行为的第一个层次是观察。在这个层次上,学员要通过观看教员的操作进行学习。在这一过程中,学员要注意观察教员的行为并记录要点。

演练

学员在一个受控环境中尝试执行任务。这个过程中,教员要允许学员犯错,教员要不断给予反馈,纠正学员不当的行为。该类培训目标应该包括像演示、练习、展示等这样的动词。

执行

在此阶段,学员已准备好演示技能所要求的行为。这一部分的培训目标应该包括像组装、操作、修理、校正等这样的动词。

8.2.2 学员的材料

要为学员提供充足的培训辅助材料,保证学员能够更好地为执行任务做准备。一般的辅助材料包括:

教学表形式	
程序	操作表
工作表	信息表

工作表

工作表应为学员提供与要执行技能相关的所有物理特性的信息,比如尺度、规格、形状等。

操作表

操作表一般将一项技能的最小单项操作或者步骤进行分解,保证学员清楚地知道任务的执行过程。操作表也被称作一种检查清单。

信息表

信息表用于为学员提供与要培训的技能相关领域的一般信息,比如最新技术、安全要求等。信息表的内容也可包括制造商的文件和工业杂志相关案例等。

演示

演示是技能课程的一项中心任务。它的目的是向学员展示做某件事的正确方法。因此,演示者必须模拟正确行为。演示者可以选择演示整个工作,或按照步骤一步一步地演示;也可以重复演示某些关键点。

开始演示之前,教员应该制订一份岗位培训评价表。一些最重要的步骤如下:

- 编制培训目标——一般来讲,到达这个阶段的时候,培训目标已经编制完成了。但在特殊情况下,教员可以首先作工作任务分析,并从那些标准中获得目标。

- 计划教学演示策略——这是指演示的总体结构、如何使用设备和何时使用设备、安排哪些类型的学生实践，等等。
- 准备课程材料——这是指教员为该课程所选择的内容、技术数据和对程序的说明。
- 准备/组织教学材料/辅助工具——这是指工作表、操作表、信息表等参考材料。此外，教员可以确定需要使用模型、模拟和/或视听资源。
- 准备适用的设施——教员应该确保学生能够在安全、适当的条件下操作技术设备。

8.3 试讲

教员对课程计划进行试讲时应该关注以下要素的绝大部分，最好是全部要素。

简介

- 动机——将课程和真实的岗位工作联系起来，突出任务/技能的重要性。
- 信息——向学员讲清培训目标、强化与其他工作的联系，提供与本次培训相关的材料。

课程主体

- 安全——学员需要充分了解具体的和一般的安全要求。
- 理解——确保演示的速度、动作适合学员的水平，确保学员能够充分地理解该项任务。
- 完全掌握——教员模拟执行某项任务，在这一过程中，教员应该严格地遵守正确的程序，慢慢地重复演示，并描述发生了什么和为什么发生；同时要观察学员的反应，鼓励学员提问，以保证学员能够完全掌握该项技能。
- 回顾——教员应在演示结束时回顾该项技能的要点，确保学员对它们完全理解，并监督学员的实际操作。

总结

- 重复——演示者应该重复关键的程序/操作、重复学员感到困难的地方。
- 参考——让学员查阅有助于巩固课程的注释/任务。此时教员可以通过学员的操作表预先考虑学员的实际操作过程，预计可能会出现的问题。

一般来说，演示者还应该注意以下几点。

表 8-3-1 演示者应注意的问题

演示检查清单
对操作中的每个步骤进行仔细、详尽地解释。
如有一种以上的方法，选择最适当的那种方法并坚持使用这种方法以避免混乱。
应该时刻准备好重复某一步骤，因为学员可能会提出类似要求。
编制学员绩效评价表(必须包括学员完成某项行动的合格标准)。
通过提问经过认真准备的问题，检查学员的理解和学习情况。
如时间充裕的话，通过使用任务表测试学习情况。
设法将试讲与学员已经知道的技能或知识联系起来。
如有必要，事先测试学员已经具备的技能或知识，并确定学员具有参加该课程应该具备的前提条件。
准备接受任何提问。

8.4 实　践

8.4.1 实践的重要性

实践是获得一项技能的主要手段，对实践的监督在这个过程中是一个非常重要的要素。观察实践时关注的事项如下：

- 实践效率——学员在实践中应该达到的标准是否已经达到。
- 学习的瓶颈——此时学员的学习效率为零。
- 学习阶段——教员希望学员处于这一自主学习阶段。
- 选择一种实践方法。

在以上的每一方面，教员必须保证充分的和适当的监督，并尽量排除可能存在的干扰因素。

学习效率

学员学习效率的高低变化会以波形呈现，一般在开始学习的阶段是高的，经过较长一段时间的学习之后会逐步下降。学习效率下降的原因包括：

- 达到所要求的标准。
- 任务的难度加大。
- 工作的要求更高。
- 达到自己的执行能力要求。
- 进入思想停顿期。
- 进入机械学习的阶段。

思想停顿期

思想停顿期一般出现在达到所要求的标准之前。此时学习效率下降至零。因此，教员必须学会诊断并解决问题。造成这一现象的原因很多。教员应该检查以下情况的每一种：

- 不良的实践程序。
- 执行一个或多个操作时出现故障。
- 缺乏对所做的事情的理解。
- 个人因素，如态度、能力或缺乏动手灵巧性。

实践的方法

一些研究人员曾经提倡一种培训分析法。按照这种方法，工作被分解成技能的尽可能小的单元。另外就是在必要时，使用模拟的方法，教一些较困难的技能。这种方法可以大大降低学员还未达到培训目标就处于停滞期的问题。如果学员将这一问题带入生产中，那么代价是非常高的，因为工业生产依赖于无错误的行为。

对学员实践的监督

教员必须知道任务的性质，包括以下方面：

- 动手操作任务的认知方面。教员需要知道执行一项任务需要具备的知识。这包括有关工作质量的知识，成品验收最高和最低质量标准的知识。
- 动手技能的组成部分。实践是指通过做来学。因此，教员的主要任务是确保学员使用正确的方法。向学员提供反馈是有效监督的一个重要部分。

对任务的态度

提供反馈时，教员有责任做到直接和诚实。对良好的工作表现进行认可并通过范例阐述技能工作的标准，这也是教员的重要职责之一。

对技能实践的管理

教员必须决定学员应如何实践技能。教员可以让学员使用以下任一方法：

完整技能的实践：演示包括技能的所有操作，即学员实践这项技能，直到掌握为止。

分步实践：将技能分为几个部分来演示，学员必须在进行下一部分之前完成前一部分。分步实践课程比完整技能实践更加有效，尤其对于复杂的技能。大部分情况下，理想的做法是，基于真实工作中所使用的实际操作顺序进行实践，即指导学员用程序执行任务。

在决定选择完整技能或分步技能学习时，教员还需要考虑该技能是否是一个关联操作，即它必须作为一个整体进行教学。有经验的员工可能更愿意进行整体学习，而初学者可能更愿意进行分步实践。选择这种教学方式时，应该让学员先充分了解各个步骤之间的关系，并在分步实践前演示该技能。

8.4.2 实践教学学习环境的管理

教员应该认识到，在任何一个小组中，都存在个人差异。以下的指导原则有助于在照顾到学员差异的前提下，避免成本较高的一对一教学。

- 采取有效措施确保学员在进行演示和实践之前已经完全理解该任务涉及的认知领域的内容。
- 使用信息表。事先讨论每一步可能会应用到的技能。
- 确保所有学员熟悉用于学习技能的设备。
- 为学员提供要掌握技能的主要步骤清单。
- 鼓励学员和教员之间的坦诚交流。

技能可以在真实的工作岗位中学习，也可以在培训班里脱产学习。两种情况下有效学习技能的要求基本相同。

表 8-4-1 岗位培训的一般步骤

实践步骤总结：
为了使学员更好地理解，首先按正常的速度演示任务。
1. 慢慢地重复演示，说明发生了什么和为什么发生。鼓励学员提问。
2. 指导学员按照程序执行任务。
3. 让学员自己做。如果需要，提供反馈以获得进一步提高。
4. 学员应该有能力在没有更多监督的情况下继续履行任务(如持证操作)。

8.4.3 教员指南

在管理学员实践时，教员需要区分发展的三个阶段：

起步阶段

在这一阶段，教员解释该技能的性质、必备知识、要遵守的实践惯例，以及一般的和具体的安全要求。另外，教员可以做一个整体技能演示，并回答任何初始问题。

中间阶段

这是重要的“通过实践学习”的阶段。在此时，教员应该：

- 展示该项技能需要参照的程序。
- 解释程序中的每个步骤。
- 对每个步骤提问和回答。
- 按要求重复演示步骤。
- 请一名学员帮助演示或重复一个步骤。
- 请学员根据程序要求按顺序演示所有的步骤。
- 学员开始之前，确保他们理解要求的内容、必须达到什么样的标准；并保证每个学员都有一份操作表。
- 在开始实践之前，要求学员对演示做出反应。事实证明，这种主动参与演示的方式能够改善实践中的表现。
- 在小组中来回走动，纠正主要错误，注意学员操作中出现的其他错误或偏差。
- 如果学员有困难，教员应该对操作进行演示，然后指导学员进行实践。
- 再次强调实践的关键点。

对有困难的学员不要抱消极的态度。对学员抱一种积极的、建设性的态度是最为重要的。

最终阶段

在最终阶段，学员应该在较少需要监督的情况下更加轻松自如地、更快速地执行工作。教员的任务转变为辅助和监督。在这一阶段，教员可以采取以下一些行动：

- 确保学员有尽可能长的实践时间。
- 确保学员的操作都能够达到最低标准。
- 对诸如节奏、移动和速度之类的事情提供指导。
- 对涉及快速工作的任何安全事项提供咨询。
- 使学员更多地接受来自于资源的反馈，而不能仅仅靠视觉反馈。
- 强调质量控制要素、强调可能产生质量问题的信号以及更微妙的多种差别。
- 演示更细微的细节和工作要点。
- 强化标准的概念，包括行为、质量、产品的所有方面。
- 向学员简要说明如何将技能转移到工作场所或真实工作中。可能的话，帮助他们转移。

8.5　指导和反馈

除了实践中涉及的一般性指导和反馈外，还有在实践工作中与直接指导和反馈相关的一些具体事项。指导是指告诉学员什么是正确的程序，并恰当地执行该程序。反馈是指告诉学员为什么行为是错的（以及如何纠正错误），或告诉学员该行为是良好的或优秀的。但是，反馈中强调更多的是要告诉学员如何做那些工作。指导的主要形式是：

- 使用视觉线索、模型、图解和范例以改进行为。
- 使用口头说明以改进行为。
- 通过使用物理手段控制反应以获得正确的反应。

- 使用物理的(机械的)手段以防止不正确的行为。

在提供指导和反馈时,教员应该牢记以下几点:

指导

- 在指导学员纠正反应时,强调主要线索。例如,在学习开汽车时,不良的身体姿势远远不如油门和挡位的使用那么重要。
- 在指导内容中尽量包括一些身体的动作,以补充口头指导。
- 确保前期的口头教学尽量简单和清晰。
- 在视觉指导(通过演示)中,在可能的情况下,使用视觉辅助工具。事实表明,它们能够提高学习实践工作的效果。
- 确保学员理解任务的培训目标(绩效标准)。

反馈

在一般意义上,反馈是指提供给执行者有关行为结果的信息。对于技能发展,要区分结果反馈和过程反馈之间的差别。

结果反馈指对任务结果的信息反馈。主管人员/教员在提供这种反馈中起着主要作用。结果反馈可以采取非正式评价和正式评价的形式。

过程反馈指任务执行过程中给予执行者的反馈。结果反馈在学习初期非常重要,但是随着对技能的不断练习,学员的自主性会不断加强,这时过程反馈就会逐渐显现出其重要性。因为学员将对开发产品的过程产生更直接的反应,及时的修正学员在操作过程中出现的问题对最终产品的质量会产生更直接的反应。

教员应该:

提供与实践有关的信息,尤其是在技能学习的早期。在刚开始练习一项技能时,教员应该说明与正在实践的技能相关的因素,但要注意要在合适的时间进行说明。

记住,一般来说,所提供的反馈种类越多,反馈的效果就越好。

"The greatest opportunity for the discovery and correction of undesired deviations takes place while the work is being performed."

"发现和纠正不想要的偏差的最好时机是当工作正在被执行之时。"

Edwin B. Flippo and Munsinger Gary M.

8.6 规划好的工作/任务的观察

想知道一个人完成一件特定工作或任务的情况的最佳方法是观察他或她正在执行的那项工作或任务。这就是工作/任务观察(或行为观察):要了解关键步骤是否正在按照标准执行,或是否应该使用更好的方法。

大量证据表明,应该投入更多的精力来评估人们执行关键工作/任务时在方法上的变化。因为工作场所里未被发现的变化是造成事故率高的一个主要因素。有些变化会突然出现在工作场所,如果没人发现并对其评估,早晚会成为大问题。当然有些变化是有益的,因为人们会发现完成任务的更好方法。关键是一定要保证变化被发现,得到评估,以确定其好坏方面的潜在影响。

有计划地观察是指通过组织和系统的方式对工作状况和实践进行观察。它能让你可靠地了解到人们正在执行的具体工作或任务的情况。它能让你：

- 明确指出可能造成事故、损伤、损坏、无效和浪费的实践。
- 确定进行指导和培训的具体需求。
- 了解更多有关你的员工的工作习惯。
- 检查现有工作/任务方法和程序的准确性。
- 跟踪近期培训的效果。
- 在现场给出建设性的改进建议。
- 认知和强化某些具体行为。

本节的目的是要区分“看”和“观察”之间的差别，讨论各种类型的工作观察，强调有计划观察的五个关键步骤，强调行为观察的实际利益。这里所说的工作，可能是一项具体的工作任务或者为完成一个具体目标所要求的一组行为。

看与观察

看与观察之间的区别不只是有效的行为观察的一个关键，它还是有效培训和非有效培训之间的一个重要区别。看，通过眼睛体验，使用视觉。基本上，它是一个生理过程。观察不只是一个生理过程。它是指仔细考虑，集中注意力观看，因此可以学习一些东西。它是指十分用心地去看，因此能够付诸于条件和行为。观察并不局限于视觉，它是指通过各种感官（如视觉、听觉、味觉、嗅觉、触觉）去感觉或识别。

观察技能的掌握通常需要实践。任何一个曾经对几个目击证人进行过事故调查的人，都曾处理过把同一事件多种版本的说法进行折中处理的问题。这是因为我们所看见的往往是由以前的经历和现在的条件所决定的。例如，一个爬虫学家可能将一条蛇看成是一个稀有而美丽的动物；其他人可能将它视为令人讨厌的可怕的动物；而一个饥饿的人可能将这同一条蛇看成是一种食物来源。我们的感觉还可能被我们的观点、我们的周围环境或我们眼中看到的周围环境扭曲。

以下的指导方法能够帮助你学习成为一名较好的观察者。

1. 强迫你自己集中注意力。让自己做好观察的准备。
2. 排除各种纷扰——清除头脑里的杂念。
3. 把握全局——不要迷失在不重要的细节中。
4. 有意识地努力记住你所看见的东西。
5. 避免各种干扰。
6. 保证你理解所看见的行动的意图。
7. 不要让对那人或那项任务的事先形成的想法影响你的所见。
8. 不要成为“搜索满意”综合征的牺牲品。

最后一个方法需要做一些解释。它来自于医疗领域，尤其是看X射线和做出诊断。“搜索满意”指的是只想找到一个人想找的东西，然后就不想往下找。因此，会忽视同样或更严重的条件。一个粗心大意的教员只能看见他或她期望看见的，在那一刻停止观察，错过同样或甚至更重要的因素。

感知波动和错觉

这样有计划地观察可以被视为一个心理过程，涉及：

意图——有目的的观察，心中有明确的目标。

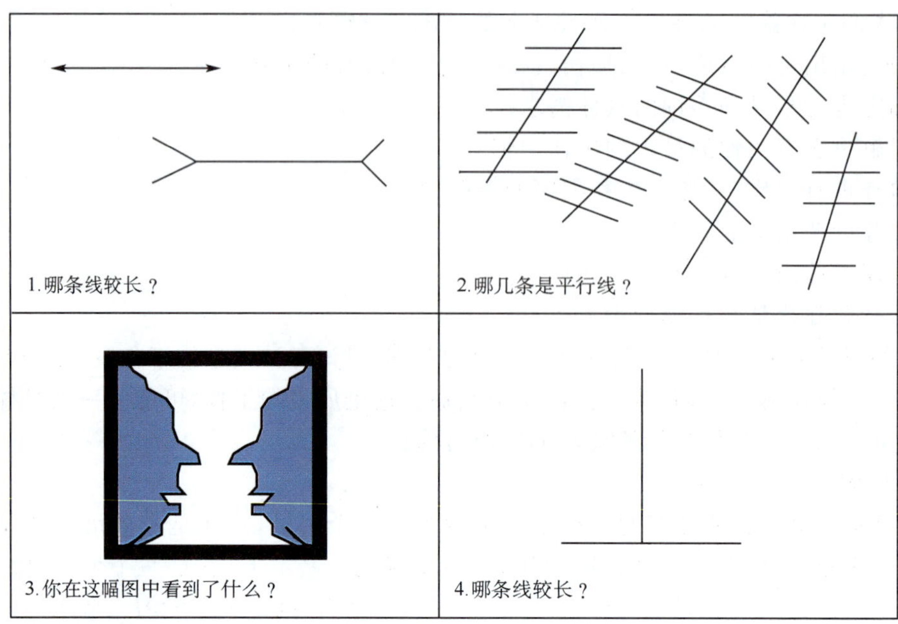

图 8-6-1 测试观察力的几组图片

注意力——将观察力集中在手中的任务上。

觉察——注意和记录细节；观察所有重要的条件和行为。

理解——内心搞明白观察到的事物的意义。

记忆——做好心里记录和书面记录；将观察到的东西印刻入脑海，时间长到足以将它们用于工作，提高绩效。

8.6.1 非正式观察

附带性的观察

如果你像大部分人一样不停地奔波，处理各种事情、联系各类人员、进行你的工作。这给你成千上万次使用耳朵和眼睛的机会，听到、看到正在发生的事情。在那一时刻的你除了主要目的之外，你可能附带性地注意到一些事情，如新来的工人正在做什么、一台设备发出不正常的声音、有一个工人没有穿戴防护设备，或一项关键任务正在很好地进行。这种附带性的看和听无论是立即用于纠正和赞扬他人，还是储存在大脑的文件夹里供将来使用，也会给教员带来有价值的信息，并提高其洞察力。

附带性行为观察的关键是要养成一种习惯：在你到处走动时，注意人们在做什么。提醒自己要有成效地使用那“旅行时间”。给自己树立起一个形象：你是一个警觉的人，一个知道正在发生的事情的人，一个关注和指导别人的人。

有意识的观察

这依然是非正式的，但是比附带性的观察朝前跨了一步。这种观察是指，有些事情促使你停下来，仔细观察一个人如何处理一项任务的某一部分。或许，你行走的路线要穿过某一个人的工作区域，那人对他/她的工作来说相对是个生手。因此你短暂地停下，观看他或她在怎么做事。你可能会花一点时间，给一个培训方面的提示，或表扬一下做得好的方面。或者，你可能注意到一个习惯性的冒险者，你会花一点时间让他或她明白，你关心正在做那件工作的方法。或者，你可能无意中碰到正在进行一件特别危险的工作，因此你要花几分钟时间，看看那工作如何进行。这样，你把有价值的信息增加到你的知识储存库里，用于日后的联系、交流和指导。

当你看的时候你看见了什么？

请阅读这句话：

Finished files are the result of years of scientific study combined with the experience of years.

现在大声数出上面方框中有多少个 F。只数一次。不要回过去重数。正确的数字见下页。

数一数多少个 F
其实，这并不是什么“圈套或诡计”——句子中实际含有 6 个 F。如果你找到了 6 个，那么你的观察力就是“天才”级的；如果观察到 5 个，说明你是“机灵的”；找到了 4 个，表明你属于“警觉性一般”。如果你观察到并只找到 3 个（或 3 个以下），那么，你在看的时候绝对看不见什么东西。

局限性

非正式观察是有必要的，也是有用的，但它不能给你所有你需要的观察数据。非正式的观察是杂乱无章的，会错过很多事情。它们只发生在当你碰巧要去做什么其他事情的时候，而你的思想主要是在你要去做的那件事的目的上，而不是在观察上。这种观察很可能既简短又匆忙、非事先计划的。它们可能不关注那些应该得到观察的最关键性的任务。非正式观察可能错过对行为观察和检查活动很重要的某些人、某些区域和某些工作。

8.6.2 计划观察

计划观察并不是其他某个活动的一个副业。计划观察需要准备工作、专心致志和充足的时间，才能把它认真做好。一次计划任务观察是一项系统性活动，如果在观察上所花的时间被其带来的效益证明，那么时间花得很是值得的，比如质量和生产率的提高、损伤和损坏的减少、士气和动力的提高、废料和废弃物的减少、绩效和利润的提高。

计划观察是观察人的行为。这是一种基本的和重要的培训活动，用以观察和评估事物达到理想标准的程度，为工作安排、熟悉情况、培训和在岗指导提供重要的反馈信息。

计划观察作为现有的最基本和最有价值的培训工具之一，正在获得全世界范围的关注。正如一名经验丰富的主管所说——他所服务的那个组织对有计划的任务观察已经使用了五年以上，“如果你没有获知学员已经掌握了你教他的正确方法，那么你就没有教会他如何工作。”计划观察不仅让你知道学员是否学会你教给的方法，还让你知道他或她是否能够正确使用这种方法。

有计划地观察的步骤是：

1. 准备
2. 观察
3. 讨论
4. 记录
5. 后续跟踪

准备

正如每一个有意义的活动一样，适当地计划能保证一次投入的时间和精力产生最大的效益。

决定观察哪些任务：确定我们所指的“工作”或“任务”。

由于一个完整的计划观察确实要占用很多时间，因此对每个任务都进行观察往往是不实际的。有些任务需要比别的任务赋予更多的关注：比如某些任务存在潜在的危险因素，如果处理不当，可能会造成重大损失；或者某些任务对安全、质量和生产效率至关重要。为了充分利用投入观察活动的时间，一定要把观察集中在关键性任务上。

为此目的，一份“关键性工作/任务清单”就显得非常有价值。

观察计划的重点是观察正在进行的工作的关键性任务。然而，在此同时，我们还要考虑我们所观察的正在履行任务的那些人。

决定观察谁

从长远来看，你应该对所有的人进行有计划地观察。这并不是说对每个人都进行相同程度地观察、相同的观察时间和相同的注意力。但是，每一个人都应包括在内。

工作的新员工——新员工一般比有经验的雇员需要更多的关注、培训、观察和指导。对于他们，一切都是新的：他们的同事、设备和设施、程序和惯例、规则和规章、他们的整个环境。无论他们的行为是好还是差，每次的重复都是对行为的加强。因此，有计划地对他们执行关键任务的行为进行观察是非常必要的，可以及时纠正行为中的消极因素，提高任务执行的有效性。

表现不佳的执行者——对任何教员来说，最大的满足感之一是帮助一个有糟糕表现的工人改善他/她的行为，使他/她在工作中做出积极的、得到认可的贡献。只要教员能够花一点时间，系统地分析一下问题，员工表现糟糕的很多原因会变得显而易见。这正是计划任务观察能够确切地做到的。

冒险者——尽管知道有些工作方式不是最佳和最安全的，有些人也还是愿意冒风险，违反安全规则，只是希望节省一点时间。长此以往，他们的这种行为可能就这么慢慢地变成了习惯。

毫无疑问，在事故和相关损失发生之前，冒险者应该是计划观察对象的首选。冒险者往往对他们所做的事只有一知半解的认识。任务观察，哪怕是仅仅给那工人显示出数据都有可能会改变整个事情的局面。

出色的表现者——如果被问到：“谁最不需要计划任务观察?”你可能会受到诱惑，回答：“那些工作做得最好的人。”很长时间以来，我们都是让经验丰富的、有能力的和可靠的雇员自己照顾自己。但是，至少有三个充足的理由证明良好的表现者也需要进行观察。

首先，也是最重要的，优秀的工人使用的技术和方法也许能帮助其他人更有效地工作。

透彻的观察和评估可以让它们显示出重要价值，值得把它们交流给其他工人。聪明的教员不会忽视那些能够给他们最大帮助的资源——那些有专业技术的人，他们的专业技术能够帮助解决很多问题，能够提高质量、生产率并提升安全性。把观察的优先权给予出色表现者的第二个重要理由是，由于长期受到忽视，他们可能在不知不觉中形成了不符合标准的实践和习惯。为了避免这一点，即使是技能卓越和经验丰富的航空飞行员也要受到不定期的飞行检查。这也是任务观察的一种形式。把良好的表现者包括在你的观察计划中的第三个理由是，它为这些优秀人提供了一个受赞扬的好机会。很多时候，与花在那些有问题工人身上的时间和注意力相比，优秀工人会在组织中成为“看不见的人”。计划任务观察计划提供了这样的机会，让优秀工人对自己的工作感到骄傲，以激励他们在以后的工作中精益求精。

观察中应该注意的问题

不妨碍工作——这一点很重要：要离那工人远一点，远到你既不会干扰工作活动，也不会影响设备运行或物料流程。但是还有一点同样重要：你所处的位置，要能够清楚地看到工作的所有重要细节。通常工人在工作中一些细微的行为会对结果产生很大的影响：是高品质还是有缺陷、是安全还是严重事故。因此在观察之前，你要找到一个平衡点，既能够给工人正确执行工作提供足够的空间，同时你也能看清工作的每个细节。

尽量不吸引注意力——可能的话，观察员要处于工人直接视线之外。否则，你可能会分散他们的注意力。不要用问题、建议或责备打断他们的工作，除非你看到一个严重的事故或损失正在酿成。尽量让工人不间断地完成整个操作。把问题、讨论和指导保留到以后。

集中你的注意力——如果你已经做了充分地准备，那么你应该相信自己会从观察中获得最有用的信息。观察过程中应该全力以赴。让你的眼睛和耳朵敞开。对于可能对结果产生重大影响的“小事”保持警觉。将工人所做的事与正确的任务程序相联系。任何时候，当行为的某些方面不符合程序所要求的，记录下来，供后续处理。记录时不要让观察分心。使用关键字，而不是细节，如果要分散注意力才能记录的话，停止记录。在直接观察后，尽早把应该记录的事情写下来。

讨论——即时反馈

如果可能的话，观察结束后应立即与工人讨论。如果观察后不是马上有正常的休息，你可以问清楚，在他们休息的时候你再回来。在这种反馈交流中，至少要做以下四件事情：

1. 感谢工人的帮助，因为他协助你完成了计划观察项目。
2. 提出问题、回顾任何疑点，确保理解你观察到的所有重要方面。
3. 对于任何需要立即纠正的错误行为，应在现场给予反馈和指导。
4. 对于模范行为，尽量在现场给予认可和加强。

此外，你应该让工人知道，在你对观察笔记和相关数据分析总结之后，你还会与他作一次更加全面地讨论。

记录

为了能够做到透彻地观察、深入地讨论和形成有效的文件，你需要一些基本的书面材料。比如：岗位培训评价表可以帮助你明确学员的工作步骤以及每个环节的培训目标。这类资料有助于你准备进行观察和讨论；执行系统性地后续工作；正确地记录被观察的人什么时间、履行了什么任务等方面内容。这些记录还可以作为凭证来衡量和评估你在培训管理中关键性区域的表现。

后续跟踪

后续跟踪工作是一个关键性因素，决定你投入计划观察中的时间是浪费了还是很好地利用了。如果你没有充分的后续措施，那么你的准备工作、实际观察、讨论和记录都将前功尽弃。例如，假设观察突出强调需要改变一种现有的程序或需要为工人提供某种再培训或教育，你的后续活动不仅应该确保它要及时地做到，还应该包括时间安排和一次后续观察，以验证变化的有效性。

为了取得最好的结果，要使你的纠正性指导和重复指令尽量保持积极、正面。

如果没有有效的后续工作，你将在懵然无知中工作，永远不知道你的努力是否得到回报或者努力做得有多好。恰当的后续工作让你充满自信，这种自信只来自于你真正了解到你的责任区域正在发生的事情。它还能为上层管理者提供一份证据，使他们能够看到进行观察这项活动所产生的益处。

表 8-6-1　任务观察的五项活动

完整的任务观察是一个系统性过程，由以下五项活动组成：
1. 准备
2. 观察
3. 讨论
4. 记录
5. 后续跟踪
这种方法已经被很多实践证明，它能使教员/主管人员知道工人是否以最高的效率执行了某项具体任务的每个方面。最高的效率是指以较低的成本获得更多和更安全的生产。

8.6.3　核心概念的回顾

工作/任务观察是一个很有价值的工具，帮助作为教员的你感受到最大的责任感并获得满足感——使你的工作小组中的每一名成员达到最佳表现。你可以利用的观察类型分为非正式的和计划的。

计划观察的关键活动是准备、观察、讨论、记录和后续跟踪。

1. 准备包括在每次观察之前，决定去观察谁，决定观察哪些任务，为观察制订时间表，以及审核关键事实。

2. 在观察阶段，遵守观察的原则：要远离工人，尽量不分散他们的注意力，把你所有的注意力集中在观察上。

3. 讨论包括两种重要方式：

a）即时反馈，这里你要感谢工人的帮助，弄清你观察到的不清楚的部分，给予现场纠正和赞扬，让那人知道你何时将与他进行一次更全面的讨论。

b）结果汇总后的全面讨论，需要进行较好地规划。

4. 好的记录将使你的观察效果更好、讨论表现更出色，并帮助你完成一份优秀的总结报告。

5. 最佳结果还需要后续跟踪，应保证好的方面得到发扬，差的方面得到改进。

在这些被正确地完成以后，计划观察正在进行中的项目可以帮助你：

1. 明确指出可能造成事故、损伤、破坏、低效率和浪费的做法。
2. 确定指导和培训的具体需求。
3. 更多地了解员工的工作习惯。
4. 检查现有工作/任务程序和方法的充分性和适当性。
5. 跟踪近期培训的有效性。
6. 给予恰当的现场纠正。
7. 认可和强化具体的行为。

第九章　项目评估

9.1　项目评估

目前电厂对培训项目评估的一般做法是，在学员离开课堂时匆忙地完成"课程培训后反馈单"。这个事实表明，举办培训的机构没有坚持使用有效的方法和手段对项目效果进行评价。有些决策者可能并不完全认可评估的重要性。但是，培训专家必须告诉管理人员，对雇员和其他成人学员提供的培训进行评估是有价值的、重要的。评估就是确定价值，是判断一件事情的好坏。培训评估就是评价一门培训课程的好坏。

9.2　评估的层次

Kirk patrick 的四层次评估让你能够正确地、准确地和熟练地评估培训的质量。这个过程让人能够评价内在的（针对自身的）和外在的（客户衡量你的）质量。

四个层次是：

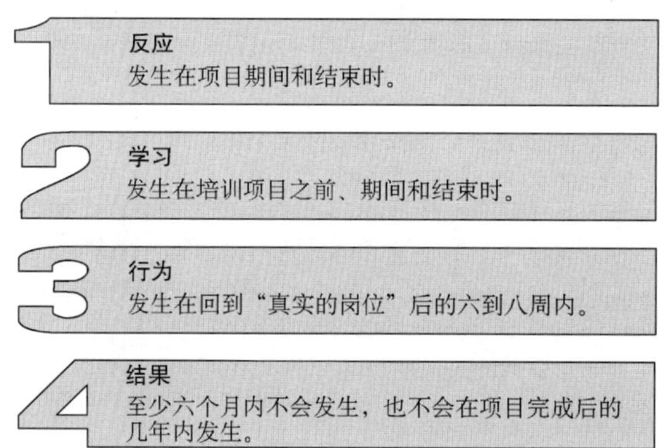

这四个部分可以进一步解释为：

学员喜欢该项目吗？

这个问题包含有很多内容，如：课程的内容、形式，讲课的语言，辅助人员采用的方法、物理设施、视听辅助工具等。

学员学习了吗？

"学员是否学习了"这个问题是我们作为成人教育者和人力资源开发者角色的核心。我们知道学习涉及变化——最终在行为上的变化。培训主要关注增长知识、提高技能和改变态度。要回答学员是否学习了的问题涉及衡量学员在参加培训时和结束培训时的技能、知识和态度，才能够确定变化。在行为方面写下的培训目标旨在描述一种理想的行为，建立能力的标准或准则，使学习能够得到客观地衡量。

学习的东西是否在“真实的工作岗位”中转化为改变了的行为？

这个问题是问学员是否能够将新技术转移到原来的岗位工作中。或者说学员是否已经记住了所学习的内容。也可能存在这样的现象：学习到的东西没有机会运用在实际的岗位工作中，这就说明课程本身存在问题，但也可能是由于其他的变数。在建立评估策略时应该预见到此类问题，并预测它们对技能具体应用过程可能产生的影响。

项目产生预期的影响了吗？

假设培训项目旨在解决一个确认的社会问题，那么这个层次的评估目标在于：这个问题解决了吗？如果项目旨在降低评价的成本，那么评估的目标就是：评价成本实际降低的程度。如果项目是要减少青少年酗酒事件，那么评价的目标就是：酗酒问题实际减少的程度，也可以问该培训项目为减少酗酒所做出贡献的程度，一个项目既会产生积极影响，也会产生消极影响；既会有预期的影响，也会有意想不到的影响。在可能时，评估策略也应该考虑到如何处理这些问题。

这四类评估方面的问题代表着培训评估策略的四个组成部分；每个层次的评估在项目执行的不同阶段进行。

9.3 评估标准

当我们说某一个项目是一个好项目时，我们是说它是适当的、充分的、高效的和有效的。每个评估过程都应该能够区分这些价值。否则，就可能出现这样的问题：给一个有效的项目贴上无效的标签。而事实上，那项目可能只是有些小的瑕疵，只需要做一些小小的修改，就能实现它的目标。如果仅仅因为小的瑕疵就放弃几乎有效的项目，那可能是一个代价高昂的错误。

要评价一个项目的适当性、充分性、效率和有效性，评估人员就要在评估策略的四个阶段中积累数据。

9.3.1 评估学员的反应

对培训有效性最基本的评估因素是学员的反应。学员有可能会喜欢培训，因为这是一个可以中断他们的日常工作、离开工作环境、遇见新人的机会。一般来说，学员期望对我们的项目有一个积极的反应。根据学员的正面和负面的反应就判断培训项目是有效的还是无效的，显得有点武断。应该根据学员的反应找出具体的原因，这些信息会让我们判断项目是无效的，还是仅仅需要稍微进行调整就可以获得更好的培训效果。

学员对一个项目的第一反应可以影响学习。如果对学习环境、教学形式、课程讲义或项目其他方面的反应是负面的，那么学到的东西可能是最少的。另一方面，不喜欢某一个项目并不一定意味着没有进行学习。人们常说，学习是人生中较痛苦的经历之一，因为学习往往涉及一个人的自尊和对个人弱点的“发现”。如果这是真的，那么“喜欢”或“不喜欢”某个项目可能是次要的了，更为重要的问题是学习是否发生。一般的做法是，“培训后反馈表”关注学员对这些方面的反应：课程内容、管理、设施、资源、教员的技能和知识，以及学员是否“感觉到”他们学习了。此类反应会引起课程主办人、开发人和教员对课程设计和授课中潜在问题的警觉。如果很多学员将某一特定的活动评估为差，那么这项活动就应该被修改。

反馈表能够为学员提供一个对项目发表意见的机会。更重要的是，反馈表应该引起学员思考学习经历、确定关键性部分和最重要部分并理清具体的学习过程。反馈表上的问题应该关注学到了什么和所学到的东西如何影响学员“回到工作岗位后”的行为。

与学员反应最相关的是培训适当性的问题。如果学习材料超出学员的阅读能力或理解能力，我们就可以得出结论，该材料不适当。教员应该关注材料的适当性，从学员的表现中获取这方面的信息。如果学员有特别多的问题，就说明材料和内容对一些学员来说过于复杂。另一种方法是观察面部表情——厌倦、激动、兴奋、活泼——是衡量适当性的方法。

室内温度、空气循环、照明和音响效果都会影响学习。虽然无法确定这些影响的程度，但我们可以向学员征求有关这些可变因素的反馈。我们也可以征求有关材料、教员、内容和其他因素的反馈。这些都可能影响一个培训项目的质量和有效性。

反馈表还可以关注课程充分性方面的问题。问题应该确定学员是否感到项目中有“充足”材料便于学习。学员常常报告说，他们愿意为一个项目的全部或部分花出更多的时间。这就是说，时间可能在某些部分是不充分的。也许学员没有被给予实践技能的机会。也许你运用的角色扮演的方式并不能完全代表真实的工作环境。这些都可以说明该项目的设计准备不够充分。在确定项目的有效性时，这些问题变得至关重要，因为它们能够区分一个无效项目和一个不充分项目之间的差别。

反馈表并不衡量学习成效。一般来说，学员都会报告自己已经学习了，课程的培训目标达到了。实际上，学员的反应深受他们记忆中最近活动的影响，也会受到完成课程时他们自我感觉的影响。只有当学员的报告中的内容与培训后学员自身行为的变化和技能的发展相匹配时，教员才能认为：学习发生了。

有关效率的问题并不能由学员的反馈来回答，那种回答意义不大。效率不仅是指金融意义上的成本和效益（性价比），而且还指时间和精力的效率。花在项目上的时间的价值与所产生的效益相适应吗？课程设计者、协调者和学员所消耗的精力与学员真正学到的技能和能力相匹配吗？如果希望自己的评估结果更加精确，可以就这样的问题与学员及其他被调查者进行交流讨论。

9.3.2 评估学习

评估策略的核心是学员学习与否，因此我们的问题就是：学员是否通过课堂行为来展示学习已经发生了。

学习一般是通过培训目标的完成情况来衡量的。在培训期间，我们应该为学员提供多种机会来展示他们的学习情况，那么在设计项目时，教员应该考虑好通过怎样的方式为学员提供这种展示的机会。通常，衡量知识增加是通过测试——通常是笔试——就像在学校里使用的那样；衡量能力提升是通过观察学员完成某项操作；衡量态度上的变化是比较困难的，但是可以通过学员的表现来加以推测。

培训的适当性是指培训目标是否适合于实际岗位工作的表现。充分性是问培训材料是否能够满足培训的需求、学员学习或操作练习的时间是否足够、培训项目是否已带来预期的结果？教员可以观察学员是否达到培训目标中规定的标准，同时应该对学员给予更多的关注和支持，及时发现学员对于课程的意见和建议。

对于学习有效性的评价，一般的调查焦点集中在培训材料是否被有效地运用以达到预期的培训目标；培训参与者所花费的时间、精力和学习资源是否与取得的效益相平衡等问题。大多数培训专家坚持不懈，努力寻找教育成人更好的、更有效的方法。大多数专家认为关于学习效率的问题应该用观察结果回答。比如学员是否没有受到应有的激励？是否存在许多躁动？所进行的练习能够引发学员参与的积极性以及讨论的热情吗？这些都有可能会为我们提供一些信息，来说明学习的有效性。

学习效果直接与课程目标的完成情况联系。我们的目标应该是可以衡量的、可以观察的，并为评估学员的学习程度提供根据。

9.3.3 对行为的评估

在这一层次我们要关注的问题是关于学员在回到“工作岗位”后使用已学技能的能力和动机以及使用的时间长度。通常，是否应用新技能和知识取决于各种实际因素而不仅仅是培训的影响。学员经常会报告说他们的主管不鼓励他们实践新学到的东西，因此在课堂上学习的东西很快就忘记了。有时候，组织和政策可能不鼓励使用新技能和新方法。如果学习后的转化不发生，那么可能会出现的结论就是那个培训项目没有效果。但是这样的结论并不完全正确，我们的评估策略必须允许我们区分多个变化因素，以明确指出学员没有使用他们所学到东西的真正原因。

行为的改变还与课程的适当性有关。该课程的培训目标与“岗位工作”的绩效要求之间是否一致会影响到学习成果的转化。有关适当性的一些数据可以从上级、下级、同事和其他重要的人那里收集到。

培训的成果是否真正地转化到工作中涉及充分性的问题，也就是学员在课堂上学到的东西是否完全转化到自己的岗位工作中。如果主管认为自己仍然需要花很多的时间指导员工或更正行为，那么，很可能是该培训项目在提升学员能力和改善学员行为方面设计得不够充分。

学员的行为变化程度也与相关人员感知到的培训价值密切相关。如果主管观察到在一名刚刚接受完培训回到岗位的员工身上变化很小或没有变化，他们可能质疑这种培训项目的效率。因为派一个人脱离岗位去培训，既中断了工作程序，又要冒生产率下降的风险。另一方面，主管人员也可能感觉到培训后的员工行为产生了很大的变化，那么他们就会认为让工人脱岗培训是非常值得的。因此在培训完成后的一个特定的周期，观察和评估人员应该与学员主管进行正式或非正式的访谈，以获取相关的信息。

行为改变的评价一般在课程完成后的六个月左右获得：收集得太早，结论可能不够成熟;收集得太迟,结论可能会不够准确。将这类评价结果与培训前的评价以及培训结束时的评价结果进行比较,就可以衡量该培训为学员带来的行为变化。

9.3.4 评估结果

结果是指培训目标实现的程度。如果项目旨在降低事故停工的成本,那么评估影响的目标就是:事故停工的成本是否已经降低。如果项目旨在减少家庭暴力事件,那么评估目标应该是:关于家庭暴力事件的减少的比例。

结果的评估也分为适当性和充分性两个方面。评估结果适当性是指项目的正确性和项目是否产生适当的影响。或许该项目已经为增加收入做出了贡献,但是因为压力过大而患病的销售人员的人数大幅上升。我们会问这样的影响是否适当。很有可能对一个项目来说是有效的,但是意料之外的影响或结果可能使项目成为不适当。与前文中的一样,充分性是指“程度”。如果预期的结果是要减少 13 %,但是只减少了 9 %,那么该项目是不充分吗?所以这类评价不仅要密切地关注统计数据,保证数据的有效性,而且更重要的是要找出数据背后的信息。这也正是结果评价的难点所在。

对这个层次评估的主要目标就是培训是否解决了问题。这里需要确定的是培训项目对解决问题的贡献程度。更确切地说是培训导致了问题的解决,还是有其他因素可能帮助或阻碍了问题的解决呢?谁才是增加销售收入的功臣——是培训部门的创新培训项目,市场部门的目标是市场策略,还是人口趋势的统计数据呢?要说明培训的效果就必须清楚地表明学习、绩效和影响之间要有一个直接的因果关系链。尽管决不会有最终结论,但如果有这样一种逻辑链,那么培训部门就可以自信地说:“本课程效果非凡。”

9.4 总 结

评估培训项目是一项非常困难和复杂的任务。因为它主要涉及的是人,所以至少可以说,它是一门不精确的科学。我们需要为贯穿于全过程的混乱、矛盾和冲突数据做好思想准备。最后,我们要对项目的价值说明自己的结论。

对“时间管理”、“压力减轻”和其他类似的热门课题进行评估是十分困难的。评估依赖数据,而数据则来源于既定的行为指标,这些指标应该能够通过观察、访谈、统计等手段获得。很多受到学员欢迎的项目无法进行评估,因为没有衡量其价值的行为指标。时间管理项目的教员只能假设一个人能够学会有效地使用时间,假设有一个管理时间的“最佳方法”。那么,有什么指标可以用来衡量培训项目是否成功?在行为和表现上什么样的变化能够在工作场所被观察到呢?项目对组织行为产生了什么样的影响呢?如果我们要得出一个积极的组织影响的结论,那么我们可能还要付出不懈努力。

附　录

附录Ⅰ　岗位培训课程计划的模板

编号：98-98550-LP-GF305
版次：0

检修悬链驱动力矩限制器
课程计划

种类：	☒课堂培训课程计划 ☐模拟机培训课程计划	☒岗位培训课程计划 ☐实验室培训课程计划

编制：		日期：	
	姓名 所在处室 职务		
校对：		日期：	
	姓名 所在处室 职务		
审核：		日期：	
	姓名(建议由培训处审核) 所在处室 职务		
批准：		日期：	
	姓名(责任处室批准) 所在处室 职务		

版本说明

课程计划编制处室:燃料操作处			
文件类型:课程计划		文件编号:98-98550-LP-GF305	
标题:检修悬链驱动力矩限制器		颁布日期:2008/7/22	

版次	颁布时间	版本/修订描述	编制人/修订人
0	2008/7/22	初次发布,检修悬链驱动力矩限制器。	* * *

课程计划概要

课程时间：8 学时(40 分钟/学时)
培训方式： ☒课堂　☒岗位培训　☐模拟机　☐其他
授课资料： 悬链驱动力矩限制器专用工具及图纸
参考程序及相关材料： 悬链驱动力矩限制器专用工具及图纸
培训工具和材料清单： 工具：悬链驱动力矩限制器专用工具，英制呆扳手(组套)，一字改锥，十字改锥，英制内六角(组套)，铜棒，手锤，游标卡尺，力矩扳手。 材料：棉白布、砂纸、酒精，记号笔。
课程介绍部分： ☒教员介绍　☐学员介绍　☒课程目的介绍　☐其他
课程简介部分： 任务的最终目标； 任务的分解目标； 任务的总体概念； 任务与学员工作的联系； 强调安全。
课程部分：见后。
学员入学水平要求：辅助检修工、检修工
限制条件(程序限制、安全预警、电站条件)： 1. 程序限制：N/A。 2. 安全预警：遵守一般辐射防护规定和工业安全守则。 3. 电站条件：N/A。
对教员的指导/建议： 1. 确保学员知道必备材料、理解专业术语、了解每种工具的应用以及只用高质量工具的原因。 2. 提醒学员遵守安全规定。 3. 在组装和拆解过程中，避免给学员过多的压力，防止工具、材料损害或个人伤害。 4. 对于任何关键点和临界点保持警觉。

培训课程目标

<table>
<tr><td colspan="2">培训目标</td><td colspan="2">对应岗位</td></tr>
<tr><td colspan="2">最终目标：</td><td>机械检修工</td><td>机械辅助检修工</td></tr>
<tr><td colspan="2">完成本课程的培训后，学员应达到以下水平：
经过课堂培训后，学员能在以后的检修中按照要求的时间完成燃料操作重水系统 3523-P3 检修工作。</td><td>×</td><td>×</td></tr>
<tr><td colspan="2">分解目标：</td><td></td><td></td></tr>
<tr><td>目标 01</td><td>陈述悬链驱动力矩限制器工作原理。解释悬链驱动力矩限制器机械结构。</td><td>×</td><td>×</td></tr>
<tr><td>目标 02</td><td>陈述检修悬链驱动力矩限制器安全注意事项，准备工器具和材料。</td><td>×</td><td>×</td></tr>
<tr><td>目标 03</td><td>实施悬链的力矩限制器的初始力矩值。</td><td>×</td><td>×</td></tr>
<tr><td>目标 04</td><td>解体力矩限制器，检查、清洁悬链驱动力矩限制器，决定是否更换摩擦片。</td><td>×</td><td>×</td></tr>
<tr><td>目标 05</td><td>实施拆除两个枕式轴承并拆除齿轮箱输出延伸轴。</td><td>×</td><td>×</td></tr>
<tr><td>目标 06</td><td>实施拆除力矩限制器上的连接链条，检查和更换摩擦片。</td><td>×</td><td>×</td></tr>
<tr><td>目标 07</td><td>实施安装齿轮箱输出延伸轴并安装两个枕式轴承，连接力矩限制器上的链条。</td><td>×</td><td>×</td></tr>
<tr><td>目标 08</td><td>实施设定力矩限制器的打滑力矩为(电机轴输入力矩)11～12N·m。</td><td>×</td><td>×</td></tr>
<tr><td>目标 09</td><td>实施设定轴编码器，执行悬链驱动力矩限制器的运行试验，分析试验结果。</td><td>×</td><td>×</td></tr>
</table>

时间	培训目标/技术参考资料/特殊符号	内容/关键点/教员活动/教学方法(讲解，讨论，演示等)	工具、设备	学员活动
5 分钟		开场白(自我介绍)		
		教员的姓名、性格、爱好等	白板/水性笔	听讲
		1.0 培训内容		
		1.1 介绍		
30 分钟		1) 任务的最终目标； 2) 任务的分解目标； 3) 任务的总体概念； 4) 任务与学员工作的联系； 5) 强调安全。	白板/水性笔	听讲
		2.0 讲解		
		2.1 概述		

续表

时间	培训目标/技术参考资料/特殊符号	内容/关键点/教员活动/教学方法(讲解,讨论,演示等)	工具、设备	学员活动
25分钟		1)讲解任务,解释专业术语; 2)使用的程序,并强调任务的关键点和关键步骤; 3)强调任务执行的顺序,并解释原因; 4)强调安全。	白板/水性笔	听讲 回答问题
		2.2　内容		
45分钟	目标01	悬链驱动力矩限制器工作原理和机械结构。 • 关键点:力矩限制器是依靠链轮与摩擦片的相互摩擦来达到正常的力矩传递,当力矩超值时,力矩限制器打滑释放以防止设备过载。力矩限制器。 • 强调部分:力矩限制器力矩设定值应与设备承载力相关。 • 教学方式:讲解。 • 反馈学员掌握情况:提问。	白板/水性笔	听讲 提出或 回答问题
40分钟	目标02	检修悬链驱动力矩限制器安全注意事项和工器具和材料准备。 • 关键点:力矩限制器的检修工作应考虑整个系统的运行状况,应有充足的检修时间,工作时考虑周边的工作环境,工器具,备品备件都应备齐。 • 强调部分:专用工具工作前一定要落实。 • 教学方式:讲解。 • 反馈学员掌握情况:提问。	白板/水性笔	听讲 提出或 回答问题
20分钟	目标03	悬链的力矩限制器的初始力矩值。 • 关键点:利用专用工具检查力矩限制器的初始力矩值。 • 强调部分:通过检查力矩限制器的初始力矩值,可以评估力矩限制器的过去的工作状况及力矩限制器的磨损情况。 • 注意事项:力矩限制器的测量工作应多次并在两个方向都进行测量,以确保测量数据可靠。 • 教学方式:讲解。 • 反馈学员掌握情况:提问。	白板/水性笔	听讲 提出或 回答问题
10分钟		课间休息		
		3.0　示范		

续表

时间	培训目标/技术参考资料/特殊符号	内容/关键点/教员活动/教学方法(讲解,讨论,演示等)	工具、设备	学员活动
30 分钟	目标 04	解体力矩限制器,检查、清洁悬链驱动力矩限制器,决定是否更换摩擦片。 • 关键点:先目视检查力矩限制器外观是否有缺陷,然后拆除力矩限制器背冒,打开力矩限制器,检查力矩限制器各零部件是否正常,清洁各零部件在进行进一步检查,如摩擦片磨损严重应进行更换。 • 强调部分:摩擦片是易损件,应对其磨损度,清洁度及表面光滑度进行检查。 • 注意事项:工作过程中应注意力矩限制器旁边的相关设备,特别是轴编码器。 • 教学方式:演示。 • 反馈学员掌握情况:提问。	气焊,新燃料机专用工具,英制呆扳手(组套),棘轮扳手,套筒头,一字改锥,十字改锥,英制内六角(组套),平头冲(组套),铜棒,手锤,吊带,手拉葫芦。	听讲 提出或 回答问题
30 分钟	目标 05	拆除两个枕式轴承并拆除齿轮箱输出延伸轴。 • 关键点:拆除力矩限制器链条,拆除主轴驱动链条,拆除两个枕式轴承,将力矩限制器从枕式轴承端部上拿下。 • 强调部分:拆卸前应对各部件的尺寸和位置进行相应记录。 • 注意事项:拆除的轴编码器应保护好。 • 教学方式:讲解。 • 反馈学员掌握情况:提问。	白板/水性笔	听讲 提出或 回答问题
40 分钟	目标 06	拆除力矩限制器上的连接链条,检查和更换摩擦片。 • 关键点:对摩擦片应进行初步检查后在进行清洁,清洁后进一步仔细检查,应对摩擦片磨损度,清洁度及表面光滑度进行检查。 • 强调部分:摩擦片表面应光滑无油脂。 • 注意事项:N/A。 • 教学方式:演示。 • 反馈学员掌握情况:提问。	棉白布、砂纸、酒精,什锦锉,油石,润滑油(少许)	听讲 提出或 回答问题
40 分钟	目标 07	安装齿轮箱输出延伸轴并安装两个枕式轴承,连接力矩限制器上的链条。 • 关键点:回装力矩限制器至枕式轴承上,将枕式轴承安装刀基座上,回装驱动链条。 • 注意事项:回装时注意原始记号和尺寸。 • 教学方式:演示。 • 反馈学员掌握情况:提问。	新燃料机专用工具,英制呆扳手(组套),棘轮扳手,套筒头,一字改锥,十字改锥,英制内六角(组套),平头冲(组套),铜棒,手锤,吊带,拉马。	听讲 提出或 回答问题

续表

时间	培训目标/技术参考资料/特殊符号	内容/关键点/教员活动/教学方法(讲解,讨论,演示等)	工具、设备	学员活动
40分钟	目标08	设定力矩限制器的打滑力矩为(电机轴输入力矩)11～12N·m。 • 关键点:通过旋紧力矩限制器预紧背冒上的三个螺栓将力矩限制器力矩值设定在11～12N·m。 • 强调部分:力矩限制器三个预紧螺栓应均匀的调节。 • 注意事项:应多次实施力矩值的检测,避免力矩值出现失真。 • 教学方式:演示。 • 反馈学员掌握情况:提问。		听讲 提出或 回答问题
60分钟	目标09	设定轴编码器,执行悬链驱动力矩限制器的运行试验,分析试验结果。 • 关键点:安装轴编码器并设定要求值,通过悬链小车运行检测力矩限制器的稳定性。 • 强调部分:应将悬链小车开至最远端进行试验。 • 注意事项:试验过程中应注意人员及设备安全。 • 教学方式:演示。 • 反馈学员掌握情况:提问。		听讲 提出或 回答问题
10分钟		课间休息		
		4.0　监督下实践		
100分钟		实践内容:学员根据现场条件简单演示悬链力矩限制器的检修工作。 • 实践方式:学员到现场,针对设备进行口述。 • 注意事项:检修过程中,为辅配合的人员不得对正在检修的人员在操作上进行任何提示。		实践
10分钟		课间休息		
		5.0　总结		
20分钟		1) 回顾培训目标; 2) 回顾任务步骤; 3) 对学员的操作进行总结,给出意见和建议; 4) 强调培训能提高工作效率。		回答提问
10分钟		课间休息		
		6.0　绩效测评		
40分钟	岗位培训评价表	根据《岗位培训评价表》进行绩效测评,并保存记录并归档。		参加测评

附录Ⅱ 参考书目

[1] Canadian Training & Development Manual Toronto: CCH Canadian Ltd. , (1994). 加拿大培训与发展手册(1994),多伦多

[2] Craig, R. L. (1996). The ASTD Training and Development Handbook. (4th ed.) Toronto: McGraw-Hill. ASTD培训和发展手册(第四版),多伦多

[3] 《Nuclear power plant personnel training and its evaluation-A guidebook》(TECHNICAL REPORTS SERIES No. 380)

[4] 《Training Program Handbook: a Systematic Approach to Training》(DOE-HDBK-1078-94)

[5] 田佩良,张江平,丁云峰译. 孙先第校. 核电厂人员培训及其评价. 北京:原子能出版社,1997年

[6] 石金涛主编. 培训与开发. 北京:中国人民大学出版社,2003年1月